AutoCAD 建筑计算机绘图实例教程

主　编　龚小兰

副主编　董晓丽　喻圻亮

U0279030

中国建材工业出版社

图书在版编目（CIP）数据

AutoCAD 建筑计算机绘图实例教程/龚小兰主编.
—北京：中国建材工业出版社，2004.7（2017.1 重印）
（高等职业教育土建专业系列教材）
ISBN 978-7-80159-660-4

Ⅰ. A... Ⅱ. 龚... Ⅲ. 建筑制图：计算机制图-应用
软件，AutoCAD-高等学校：技术学校-教材 Ⅳ. TU204

中国版本图书馆 CIP 数据核字（2004）第 062000 号

内　容　简　介

　　AutoCAD 软件是建筑类专业最重要的软件之一，作者选用了实例来讲解命令的操作过程。全书共 11 章，内容包括 AutoCAD 基础知识、基本绘图命令、绘图参数的设置、图形编辑命令、文字、图块绘制及其应用、尺寸标注、设计中心及常用辅助工具、建筑施工图的绘制、图纸布局与打印输出、AutoCAD 上机综合实训题。

　　为提高教学效果，巩固所学知识，本书根据章节内容，安排思考题和上机实训题。由于绘制一幅图常常需要综合运用几章的内容，在本书的第 11 章编有上机综合实训题。该书讲练结合，便于教学的组织和安排，便于学生课后自学。

　　本教材适合全国高等职业技术学院建筑类相关专业使用，也可作 AutoCAD 自学教材及各类 AutoCAD 课程的培训教材。

AutoCAD 建筑计算机绘图实例教程
主　编　龚小兰
副主编　董晓丽　喻圻亮

出版发行：中国建材工业出版社
地　　址：北京市海淀区三里河路 1 号
邮　　编：100044
经　　销：全国各地新华书店
印　　刷：北京雁林吉兆印刷有限公司
开　　本：787mm×960mm　1/16
印　　张：17.5
字　　数：327 千字
版　　次：2004 年 8 月第一版
印　　次：2017 年 1 月第六次
书　　号：ISBN 978-7-80159-660-4
定　　价：**40.00 元**

本社网址：www.jccbs.com.cn

本书如出现印装质量问题，由我社发行部负责调换。联系电话：（010）88386906

《高等职业教育土建专业系列教材》编委会

主　　任：成运花　北京城市学院教务长、研究员
副主任：徐占发　北京城市学院教授、土建专业主任
　　　　杨文锋　长安大学应用技术学院副教授、副院长
秘书长：李文利　北京城市学院副教授
委　　员：（按汉语拼音先后顺序）
　　　　包世华　清华大学教授
　　　　陈乃佑　北京城市学院副教授
　　　　陈学平　北京林业大学教授
　　　　成荣妹　长安大学副教授
　　　　崔玉玺　清华大学教授
　　　　董和平　北京城市学院讲师
　　　　董晓丽　北京城市学院讲师
　　　　龚　伟　长安大学副教授
　　　　龚小兰　深圳职业技术学院副教授
　　　　姜海燕　北京城市学院讲师
　　　　靳玉芳　北京城市学院教授（兼职）
　　　　刘宝生　北方交通大学副教授
　　　　刘晓勇　河北建材学院副教授
　　　　李国华　长安大学副教授
　　　　李文利　北京城市学院副教授
　　　　栗守余　长安大学副教授
　　　　马怀忠　长安大学副教授
　　　　田培源　北京城市学院讲师
　　　　王　茹　北京城市学院副教授
　　　　王旭鹏　北京城市学院副教授
　　　　杨秀芸　北京城市学院副教授
　　　　张保兴　长安大学副教授
　　　　张玉萍　河北建材学院副教授
顾　　问：（按汉语拼音先后顺序）
　　　　江见鲸　清华大学教授
　　　　罗福午　清华大学教授

序

　　大力发展高等职业教育，培养一大批具有必备的专业理论知识和较强的实践能力，适应生产、建设、管理、服务岗位等第一线急需的高等职业应用型专门人才，是实施科教兴国战略的重大决策。高等职业教育院校的专业设置、教学内容体系、课程设置和教学计划安排均应突出社会职业岗位的需要、实践能力的培养和应用型的教学特色。其中，教材建设是基础和关键。

　　高等职业教育土木建筑专业系列教材是根据最新颁布的国家和行业标准、规范，按照高等职业教育人才培养目标及教材建设的总体要求、课程的教学要求和大纲，由北京城市学院（原海淀走读大学）和中国建材工业出版社组织全国部分有多年高等职业教育教学体会与工程实践经验的教师编写而成。

　　本套教材是按照 3 年制（总学时 1600～1800）、兼顾 2 年制（总学时1100～1200）的高职高专教学计划和经反复修订的各门课程大纲编写的。基础理论课程以应用为目的，以必需、够用为度，以讲清概念、强化应用为重点；专业课以最新颁布的国家和行业标准、规范为依据，反映国内外先进的工程技术和教学经验，加强实用性、针对性和可操作性，注意形象教学、实验教学和现代教学手段的应用，并加强典型工程实例分析。

　　本套教材适用范围广泛，努力做到一书多用，在内容的取舍上既可作为高职高专教材，又可作为电大、职大、业大和函大的教学用书，同时，也便于自学。本套教材在内容安排和体系上，各教材相互之间既是有机联系和相互关联的，又具有其独立性和完整性。因此，各地区、各院校可根据自身的教学特点选用。

　　北京城市学院是办学较早、发展很快、高职高专办学经验丰富并受到社会好评的一所民办公助高等院校。其中，土建专业是最早设置且有较大社会影响的专业之一，有 10 多名教学和工程实践经验丰富的双师型教师，出版了一批受欢迎的专业教材。可以相信，由北京城市学院组编、中国建材工业出版社出版发行的这套高等职业教育土建专业系列教材一定能成为受欢迎的、有特色的、高质量的系列教材。

本教材编委会

2003 年 2 月

前　言

随着计算机技术的普及，对于从事土木、建筑设计的人员来说，AutoCAD建筑计算机绘图是一项必须具备的技能，目前大多数建筑类专业都开设了这门课。本教材的编写突出体现课程的综合性、实践性、专业性和运用性。

本教材全面地介绍了 AutoCAD2002 绘图命令的使用方法，教材第 1 章至第 10 章均以实例为线索，讲解 AutoCAD 命令的功能、含义、使用方法。第 9 章从建筑工程实际需求出发，以实例引出建筑施工图的绘制方法，为提高教学效果，本书根据内容需要在章节后面安排了思考题和上机实训题。

通过本教材的学习和上机操作，使学生能灵活掌握 AutoCAD 绘图命令，具有绘制完整建筑工程施工图的能力。使学生或刚从事建筑计算机绘图的同志在较短的时间内掌握建筑计算机绘图的方法。

本书第 1 章、第 2 章、第 3 章、第 4 章、第 7 章、第 8 章、第 9 章、第 10 章、第 11 章由龚小兰完成，第 5 章、第 7 章由喻圻亮完成、第 6 章由董晓丽完成，全书由龚小兰统稿。

本书例题部分选用了其他教材及同行教师讲课的实例，对于他们付出的辛勤劳动表示衷心的感谢！

由于我们水平有限，书中的缺点在所难免，希望同行及读者指正。

编　者
2004 年 6 月

目　　录

1

第1章 AutoCAD 基础知识

1.1 AutoCAD2002 简介

1.1.1 AutoCAD 在建筑工程中的应用

计算机问世后，人们为了减轻设计人员的劳动强度，提高工作效率开发出了各种各样的 CAD 绘图软件，AutoCAD 便是其中最优秀的代表。作为 Autodesk 公司的主打产品，随着近 20 年的不断完善和发展，其功能越来越强大，操作越来越简便，因而也受到越来越多的设计绘图人员的青睐。另外，国内的软件开发商和 AutoCAD 产品增值商，也以 AutoCAD 为平台，开发出诸如圆方、建筑之星 ArchStar、PKPM、建筑天正 Tangent、华远 House 等建筑专业设计软件包。这些产品都是以 AutoCAD 为平台而开发的，要想熟练运用它们，最好先从 AutoCAD 学起。对于大中专在校生而言，掌握 AutoCAD，应该像掌握 Office 工具一样，将其作为一项基本的技能，而不是一种特长。同样，对于所有从事土木、建筑设计的人员来说，AutoCAD 也是一项必须具备的技能。

AutoCAD 的三维设计和动态观察功能，可以使设计人员对自己设计的最终效果，有一个清楚、全面的认识和评价。借助 AutoCAD，设计师可以先根据自己的想象设计出三维模型，然后命令 AutoCAD 自动生成所需要的平面图、剖面图。总之，AutoCAD 是设计人员的一个好帮手，掌握了它，设计人员便可以驾驭自己的想象，在设计中充分发挥自己的灵感与创意。

1.1.2 AutoCAD 绘图优势

与手工绘图相比，利用 AutoCAD 进行建筑设计具有十分明显的优势。

1. 提高绘图效率

（1）AutoCAD 不但具有极高的绘图精度，作图迅速也是一大优势，特别是它的复制功能非常强，AutoCAD 帮助我们从繁重的重复劳动中脱离出来，用更多的时间来思考设计的合理性。

（2）图纸的统一性是集体作业中需要考虑的重要问题，AutoCAD 能够容易高效地解决这一问题。

（3）图纸修改是手工绘图最头疼的问题，用 AutoCAD 却使修改工作快捷而高效。

2. 便于设计资料的组织、存贮及调用

（1）AutoCAD 图形文件可以存储在光盘等介质中，节省存贮费用，并且可复制多个副本，加强资料的安全性。

（2）在设计过程中，通过 AutoCAD 可快速准确地调用以前的设计资料，提高设计效率。

3. 便于设计方案的交流、修改

Internet 的发展使得各地的设计师、施工技术人员可以在不同的地方通过 AutoCAD 方便地对设计进行交流、修改，大大提高了设计的合理性。

4. 可对各方案相对成本进行检测

通过 AutoCAD 的数据库功能，可方便快速地计算出各设计方案的面积、体积，为设计提供指导。

5. 可使设计方案表现更直观

通过 AutoCAD 的三维设计功能，可以方便快捷地生成多视角的三维透视图，或做成漫游动画，更直观地感受设计，为设计师和业主提供了一种更为直接的交流渠道。

另外，AutoCAD 具有良好的二次开发性，使得软件更能符合专业设计的需要，这也是 AutoCAD 能够在建筑设计行业得到广泛应用的主要原因之一。

1.2　AutoCAD2002 软硬件环境

本节介绍安装并运行 AutoCAD 所必需的软件和硬件。

1.2.1　操作系统

AutoCAD2002 中文版必须安装到 Windows NT4.0、Windows 95b、Windows 98 或 Windows 2000 中文版的操作系统上。

1.2.2　内存和硬盘空间需求

最少 65MB 内存需求、100MB 硬盘空间、64MB 磁盘交换空间。系统文件夹中要有 60MB 的可用磁盘空间，以及 20MB 可用磁盘空间用于公用共享文件和 Autodesk 共享文件。

注意：安装在系统文件夹中的文件另外需要 8MB～15MB 空间。此空间无需与加载 AutoCAD 的程序文件夹在同一个驱动器上。

1.2.3　硬件需求

1. 必备硬件

Pentium233 以上或兼容处理器（必须是所使用的 Microsoft 操作系统支持的硬件）1024×768×64K 色视频显示器或更高配置；CD－ROM 驱动器（仅用于初始安装）；Windows 支持的显示适配器；鼠标或其他定点设备。

2. 可选硬件

打印机或绘图仪；

数字化仪；

串行端口或并行端口（用于外围设备）；

网络接口卡（AutoCAD 网络版必需）；

调制解调器或其他 Internet 的连接设备。

1.3 快速进入 AutoCAD2002

要在 Microsoft Windows98/2000/NT 下启动 AutoCAD2002，归纳起来，可以有三种方法：

第一种方法是直接在 AutoCAD 的安装目录 AutoCAD2002 下，双击 A-CAD. EXE，即可启动 AutoCAD。一般情况下，在 AutoCAD 软件安装完成后，请不要随意更改该软件的目录名称，也不要拖到其他目录下，以确保软件的正确启动。

第二种方法是通过定制 Windows98/ 2000NT 的"开始"菜单，只需点取 Auto-CAD2002 菜单项，即可启动 AutoCAD。

第三种方法是用鼠标左键双击如图 1－1所示的快捷式图标，即可启动 Auto-CAD。

图 1－1　AutoCAD2002 图标

第一次启动 AutoCAD，屏幕将出现如图 1－2 所示的［Autodesk 今日］窗口。

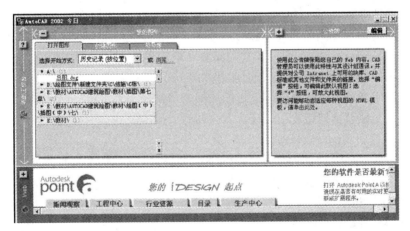

图 1－2　　［Autodesk 今日］

这是一个具有 Web 风格的启动窗口，同时它也是一个功能齐全的 Web 页面，单击页面左上边的［？］按钮，则弹出如图 1－3 所示的帮助页面，用户可以在此了解［Autodesk 今日］窗口中各组成部分的功能。

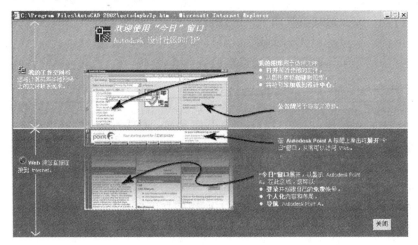

图 1 - 3 ［Autodesk 今日］窗口的帮助页面

［Autodesk 今日］窗口共分三大部分：图形文件区、公告栏区和 Autodesk Point A 区，分别介绍如下。

1.3.1 我的图形

在该区域中可以进行以下几方面的工作：

打开最近使用的文件；

从图形样板中创建新图形；

从符号库加载到设计中心。

1. 打开最近使用的文件

在［Autodesk 今日］窗口的我的图形区域中单击［打开图形］选项卡，则屏幕显示如图 1 - 4 所示，在"选择开始方式"列表框中有 4 个选项供用户选择。分别用来显示该区域中按最近使用的文件排列历史记录、按日期排列历史记录、按文件名排列历史记、按位置排列历史记录。

2. 创建新图形

单击［创建图形］选项卡，则屏幕显示如图 1 - 5 所示。在"选择如何开始"列表框中有 3 个选项供用户选择。

"样板"选项用于初始化新建图形模板，用户可在此选择符合设计要求的图幅大小和标题栏样式等。

"默认设置"选项用于设置单位的制式，不作其他限制。如图 1 - 6 所示，共有"英制"和"公制"两个选项。

"向导"选项为用户准备了两个设置向导："快速设置"和"高级设置"，如图 1 - 7 所示，具体使用我们将在下一节中详细介绍。

4

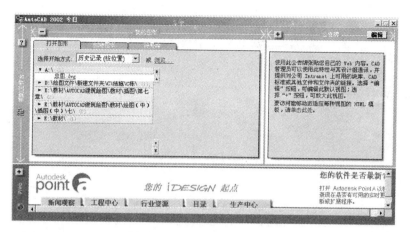

图 1-4　［打开图形］选项卡

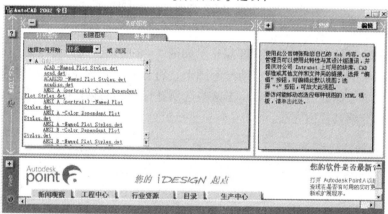

图 1-5　［创建图形］选项卡的"样板"选项

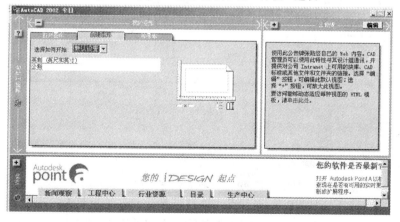

图 1-6　［创建图形］选项卡的"默认设置"选项

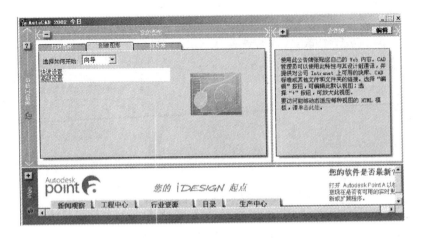

图 1-7　[创建图形]选项卡的"向导"选项

3. 加载符号库

单击[符号库]选项卡，屏幕显示如图 1-8 所示，用户可以使用设计中心符号库中的标准件图库来帮助绘制图形，符号库中包含了许多常用的机械、建筑和电子等标准图形符号，单击这些选项将打开 Autodesk 我们将在后面的课程中详细介绍其使用方法。

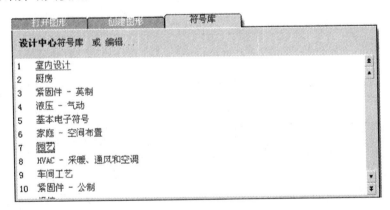

图 1-8　[符号库]选项卡

1.3.2　Autodesk Point A

[Autodesk 今日]窗口的下部是 Autodesk Point A，图 1-9 所示，该区域可以使用户连接 Autodesk Point A 站点，该站点是 Autodesk 为专业设计人员准备的一个集软件更新、设计共享、行业服务等一系列项目于一体的综合设计门户网站，用户可直接通过 AutoCAD 访问和应用互联网或外部网络上的资源。

图 1-9　Autodesk Point A

1.3.3　工作环境的设置

在了解了 AutoCAD 的基本界面和快速进入工具之后，我们学习使用这些工具来创建一个新文件并设置该文件的初始工作环境。

一般过程指导：初始化工作环境

创建一个新文件并初始工作环境的步骤如下：

1. 打开 AutoCAD，屏幕上出现［AutoCAD 今日］窗口；

2. 单击［新建文件］选项卡；

3. 在"选择如何开始"后的列表中选择"向导"项；然后单击"高级设置"，如图 1-10 所示；

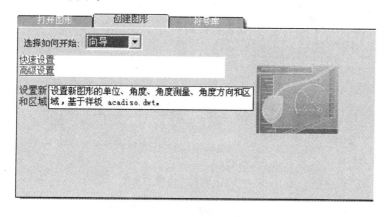

图 1-10　"高级设置"向导

4. 如图 1-11 所示，在弹出的"高级设置"向导中点击"小数"单选钮，设置测量单位为"小数"，并指定"精度"为小数点后 4 位，即选择 0.0000 项。然后单击［下一步］按钮进入下一页；

5. 在该页中指定角度的测量单位及其精度。分别为"十进制度数"和 0，如图 1-12 所示，然后单击按钮进入下一页；

6. 在该页中选择角度测量的起始方向为"东"，即起始角为 0 的方向为 X 轴正向。如图 1-13 所示，单击［下一步］按钮进入下一页；

7. 在该页中指定角度的正旋转方向为"逆时针"方向，如图 1-14 所示，单击［下一步］按钮进入下一页；

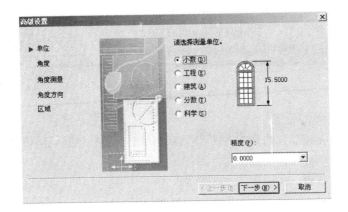

图 1-11 "高级设置"向导"单位"页

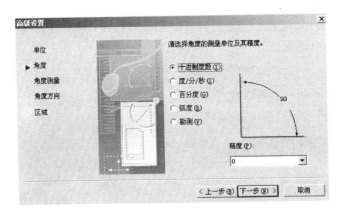

图 1-12 "高级设置"向导"角度"页

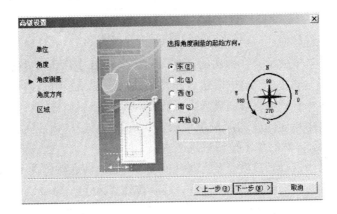

图 1-13 角度测量

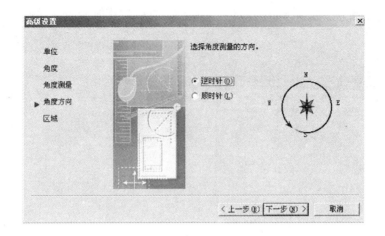

图 1 – 14 "高级设置"向导"角度方向"页

8. 在该页设定新建图形的绘图范围,对于一个 A3 的图纸,用户可以在宽度框中输入 420,在长度框中输入 297。这里的数据单位是以毫米为单位。如图 1 – 15 所示,单击〔完成〕按钮结束"高级设置"向导。

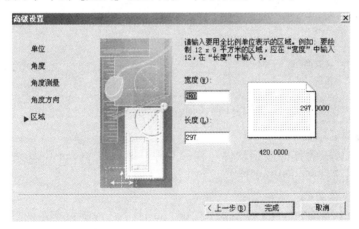

图 1 – 15 "高级设置"向导"区域"页

最终可进入 AutoCAD 绘图区域中绘制工程图形。

1.4 AutoCAD2002 的工作界面

要使用 AutoCAD 进行绘图和设计工作,首先要熟悉它的工作方式,也就是要认识 AutoCAD 的工作界面,了解它的基本操作。

AutoCAD 的工作界面是基于 Windows 风格的窗口式操作环境,如图 1 – 16 所示,包括:文件标题栏、下拉菜单条、工具栏、绘图窗口、状态行和命令提示窗口等几部分。其中标题栏、下拉菜单、工具栏与其他 Windows 应用软件类似。

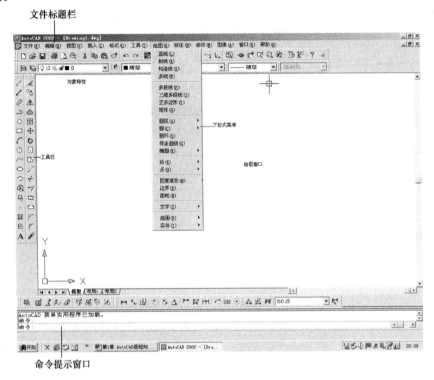

图 1－16　AutoCAD 的工作界面

1.4.1　文件标题栏

同 Windows 的其他应用软件一样，文件标题栏位于 AutoCAD 界面的最上端，显示当前打开的图形文件名。

1.4.2　下拉菜单条

在文件标题栏下面的是 AutoCAD2002 的 11 个标准下拉菜单的标题。拾取其中某一项，便会出现与其对应的下拉菜单，如图 1－17。通常下拉菜单中的选项都表示相应的 AutoCAD 命令和功能，在 AutoCAD 下拉菜单里几乎包括了 AutoCAD 的所有命令。

在下拉菜单区内慢慢移动光标，当亮显某个菜单选项时，对这一选项的说明和命令名随即出现在 AutoCAD 绘图窗口下面的状态行里。这是 AutoCAD 工作界面的第一个特点。拾取亮显的菜单项即可执行相应的命令。

如果下拉菜单项右边带有三角形指示符（▶），则说明此菜单项有下一层子菜单，拾取某一子菜单即可执行相应的命令；如果菜单项结尾有省略号（…），则引出 AutoCAD 对话框。

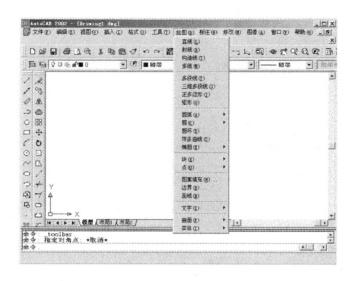

图 1 – 17　下拉菜单示意图

1.4.3　工具栏

在下拉菜单条的下面两行和屏幕左面放置的是工具栏。工具栏中包含许多由图标按钮表示的工具，单击这些图标按钮就可以激活相应的 AutoCAD 命令，它是与下拉菜单等效的另一种使用 AutoCAD 命令的方式。把光标放在某个工具按钮上，并稍作停留，在箭头光标的下方就会显示出这一工具按钮的名称，即工具名提示，与此同时也会在状态行显示相应命令名的简要说明。

AutoCAD 工作界面在默认情况下有 4 个工具栏，他们是下拉菜单下面的"标准"工具栏和"对象特性"工具栏，以及位于绘图窗口左边的"绘图"工具栏和"修改"工具栏。

与下拉菜单中的子菜单类似，在某些图标按钮的左下角有一个小的黑三角标志，将光标放在这些图标按钮上，按下不放，将显示一组附加的工具图标按钮，把光标移动到所需的工具按钮上放开，就可以执行相应的 AutoCAD 命令。这是 AutoCAD 工作界面的的第二个特点。

1. 打开、关闭工具栏

实际上，AutoCAD 还提供许多其他工具栏，使用 TOOLBAR 命令可增添或取消任何工具栏。方法是：从"视图"下拉菜单中选择"工具栏"选项，在打开"工具栏"对话框（如图 1 – 18）中，选择要打开的工具栏，然后 AutoCAD 就会在幕上打开相应的工具栏。此外，"显示工具栏提示"复选框控制是否显示工具栏名提示。如果要关闭某一工具栏，单击工具栏右上角的"×"按钮，工具栏随即消失。

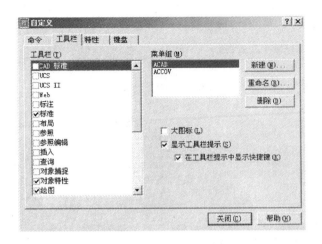

图 1-18　工具栏对话框

2. 改变工具栏的形状和位置

对于打开的工具栏，用户可以移动它到最方便使用的位置。移动工具栏的方法很简单，按住鼠标左键拖动工具栏，将它拖到预期位置即可。

工具栏可以放在绘图区的四周，也可以放在绘图窗口的任何位置，我们把这种放在屏幕上任何位置的工具栏叫浮动工具栏。如果需要，可以重新设定浮动工具栏的形状。其操作方法是：将光标放在工具栏边界上任何地方，然后沿着所希望的方向拖动鼠标。

1.4.4　绘图窗口

绘图区占据了大部分的屏幕，它是我们绘图、编辑对象的工作区域。绘图区可以无限的扩展，屏幕上的绘图区可能显示的只是图形的一部分，所以通常将图 1-1 所示的绘图窗口称为视口。用户可以使用所放（ZOOM）命令来控制图形在视口中的显示大小，也可以通过视口右侧、下侧的箭头控制视口相对图形的位置。

进入 AutoCAD，移动鼠标在绘图区内就可看到一个十字光标在移动，这就是图形光标。绘制图形时，显示为十字形（＋）；拾取编辑对象时，显示为拾取框（□）；选择菜单项或对话框按钮时，又显示为箭头（↖）。

在绘图窗口左下角看到的一个空心的粗 L 型的箭头轮廓是 AutoCAD 坐标系统的图标，它表明图形的方位。

此外，AutoCAD2002 有两个工作空间，模型表示模型空间，布局表示图纸空间。通常，人们在模型空间中设计、绘图，然后到图纸空间中进行布局排版，最后输出图形。利用这些标签，可以方便、快捷地在模型空间和图纸空间之间进行切换。

1.4.5 状态行

状态行位于屏幕底部，其左边显示当前光标位置的坐标值；右边的 8 个按钮从左至右分别为捕捉、栅格、正交、极轴、对象捕捉、对象跟踪、线宽、模型，它们是 AutoCAD 各种模式的转换开关。这些按钮的状态都可以通过单击按钮来控制。或者在按钮上单击鼠标右键，通过激活的快捷菜单来控制，如图 1 – 19。

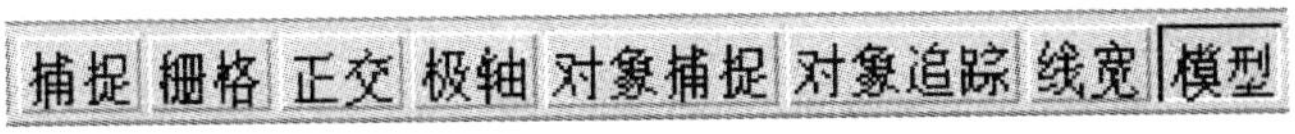

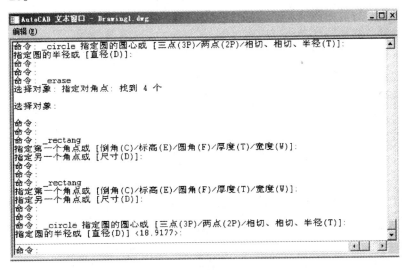

图 1 – 19　状态栏

1.4.6 命令提示窗口

命令提示窗口是用户用来输入命令和显示 AutoCAD 工作信息的地方，它是一个浮动窗口，可以把它移到屏幕上任何地方，并可改变它的大小。

命令窗口包括两部分内容，一部分用来显示命令及提示信息，它的提示符是"命令"，表示 AutoCAD 等待输入命令；另一部分是一个滚动式列表，记录着用户曾经使用过的命令及提示信息，单击滚动条可以追溯到命令执行的历史。此外，按 F2 功能键也可以从激活的文本窗口中看到命令执行的历史，如图 1 – 20。

图 1 – 20　命令文本窗口

其实，无论通过工具栏或下拉菜单激活 AutoCAD 命令，还是从绘图窗口拾取绘图点，都要在命令提示窗口体现出来，因此我们通常要密切注意命令窗口的提示，可以说，命令提示窗口就是用户与 AutoCAD 对话的窗口。

1.5 如何使用 AutoCAD 命令

从上面的介绍我们发现，要用 AutoCAD 绘图离不开 AutoCAD 命令，当发出 AutoCAD 命令后，AutoCAD 就会出现进一步的提示或对话框，也就是命令提示信息，要求输入坐标值、命令选项或是完成一些命令所需要的数据。那么如何激活 AutoCAD 命令，又怎样响应它的提示呢？因此，我们首先要学会使用 AutoCAD 命令。

1.5.1 AutoCAD 命令的激活方式

在 AutoCAD 中命令可以通过多种方式激活，归纳起来如下：

1. 在工具栏中选择工具图标按钮；
2. 通过下拉菜单中的菜单项；
3. 在命令提示符后直接键入命令；
4. 利用即时产生的右击快捷菜单中的选项；
5. 使用快捷键。

在这些激活方式中，直接键入命令是最基本的输入方式，而使用工具栏和下拉菜单对初学者来说既容易又快捷；使用的右击快捷菜单，可减少击键的麻烦。然而无论使用哪种方式，实际上都等同于键盘键入命令。

1.5.2 如何响应 AutoCAD 命令

几乎所有命令激活后，都会有一些提示作应答，包括要求输入坐标值、命令选项或是完成一些命令所需要的数据。我们既可以使用键盘，也可以通过快捷菜单来响应。

1. 使用键盘

【例 1 – 1】从绘图菜单点击 Arc 圆弧命令，这时命令提示窗口出现的提示为：

命令：ARC

指定圆弧的起点或[圆心（CE）]： 　　　　　在绘图窗口拾取一点作为圆弧的起点

指定圆弧的第二点或[圆心（CE）/ 端点（CN）]：CE 表示选取"圆心"选项。

指定圆弧的圆心： 　　　　　在绘图窗口拾取第二点作为圆弧的圆心。

指定圆弧的端点或[角度（A）/ 弦长（L）]： 　　　　　在绘图窗口拾取第三点作为圆弧的终点。

说明：上述操作过程中，冒号左边的是 AutoCAD 提示信息；冒号右边的是响应内容；本书对操作过程均采用此种写法。

在 AutoCAD 中，所有命令都使用同一的命令行提示。它提示的规则是：用

"或"将提示分成左右两段，左段是默认的响应项，可以直接响应；右段用"〔 〕"括起来，其中由"/"符号分隔的部分是选择项。AutoCAD 规定：对所需的选择项，用输入其后面"（ ）"中的字母来响应，如键入"CE"作为选择"圆心"的选项，然后按回车键或空格键。

说明：在 AutoCAD 中回车键与空格键等效。

2. 使用右击快捷菜单

在 AutoCAD2002 中，通过命令行键入命令选项的操作已经逐渐被通过单击鼠标右键产生的即时菜单所代替。如果激活某一命令后，在绘图窗口中单击鼠标右键，则会产生一个快捷菜单。例如，当激活"圆"命令后产生的快捷菜单（如图 1 - 21），它包括了"圆"命令中所有选项，以及"确认"、"取消"等选项。其中："确认"项等同回车键。

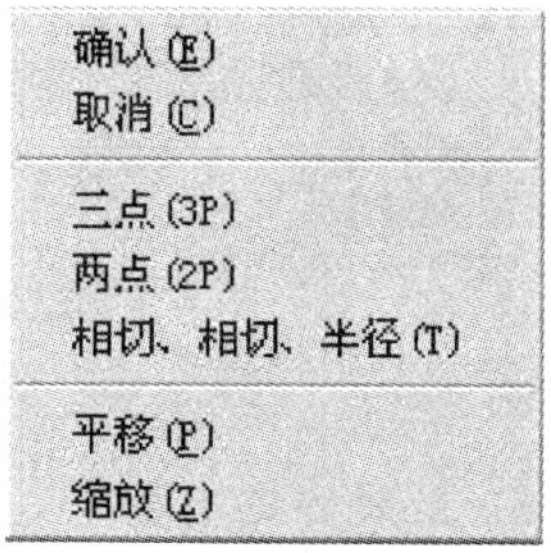

对于不同的命令，右击快捷菜单内显示的内容也不同。利用它可以使我们抛开键盘操作，专心致力于设计绘图工作。

3. 多种类型的右击快捷菜单

右击快捷菜单是在使用 AutoCAD 过程中即时产生的，它的内容还会随着光标在屏幕上的不同位置

图 1 - 21　圆选项快捷菜单

而有所不同。AutoCAD 可从绘图窗口、命令提示窗口、对话框、工具栏、状态行、"模型"选项卡或"布局"选项卡等任何一个地方激活快捷菜单。我们可以把右击快捷菜单分为以下几种：

（1）默认模式的快捷菜单

在没有执行任何命令，也没有选择图形对象时，在绘图区域单击右键激活的快捷菜单，如图 1 - 21。其中第一项与上一次使用的命令有关，选择这一项，就可以再次使用上一个命令；此外还有一些使用频率较高的命令。

（2）编辑模式的快捷菜单

在选择了要编辑的图形对象但没有执行任何编辑命令以前，单击鼠标右键激活的快捷菜单，它包括了经常使用的一些编辑类命令以及一些选择项。

（3）对话框式的快捷菜单

把光标放在对话框的某一特定区域，单击鼠标右键激活的快捷菜单。对话框不同，右击快捷菜单的内容就不同；即使同一对话框，光标所在的位置不同，右击快捷菜单的内容也不尽相同。

（4）命令模式的快捷菜单

在 AutoCAD 任何一个命令执行过程中，单击鼠标右键，都会激活相应的快捷菜单，其中包括该命令的一些选项，还有"确认"、"取消"以及常用的显

重复圆(R)

剪切(T)
复制(C)
带基点复制(B)
粘贴(P)
粘贴为块(K)
粘贴到原坐标(D)

放弃(U)
重做(D)
平移(A)
缩放(Z)

快速选择(Q)...
查找(F)...
选项(O)...

图 1 – 22

示控制命令"平移"和"缩放"。如图 1 – 21 中是画圆命令的快捷菜单。

（5）近期使用过的命令的快捷菜单

在设计绘图过程中，将光标放在命令行，单击鼠标右键，就会激活近期使用过的命令的快捷菜单，如图 1 – 22。从而为了解绘图过程或再次使用这些命令提供了方便。

除了上述菜单外，在状态行、任意工具栏、模型和布局选项卡上单击鼠标右键，也都会激活相应的快捷菜单。

1.5.3 命令的重复、中断、撤销与重做

1. 命令的重复

（1）按回车键或空格键。

（2）在绘图区右击鼠标，在右键菜单中选择"重复×××命令"。

2. 命令的中断

欲中断当前命令的运行可以用键盘上的〈ESC〉键进行。命令中断后，在命令显示行"命令"。

3. 命令的撤销

命令：U

菜单：编辑→放弃

按钮：

快捷键：〈Ctrl + Z〉

U 命令可以撤销刚才执行的命令。其使用没有次数限制。可以沿着绘图顺序一步一步后退，直到返回图形打开状态。

4. 命令的重做

命令：REDO

菜单：编辑→重做

按钮：

快捷键：〈Ctrl + Y〉

REDO 命令将刚刚放弃的操作重新恢复。REDO 命令必须在执行完 UNDO 命令后立即使用，且仅能恢复上一步 UNDO 命令所放弃的操作。

1.5.4 视图缩放

1. 命令调用

命令：ZOOM

菜单：视图→缩放

按钮：

2．命令及提示

命令：ZOOM

指定窗口角点，输入比例因子（*nX* 或 *nXI*），或

[全部（A）/中心点（C）/动态（D）/范围（E）/上一个（P）比例（S）/窗口（W）〈实时〉]：

3．参数选项及含义

（1）指定窗口角点：通过定义窗口来确定放大范围。对应按钮 。

（2）输入比例因子（*nX* 或 *nXP*）：按照一定的比例来进行缩放。*X* 指相对于模型空间缩放，*XP* 指相对于图纸空间缩放。对应按钮 。

（3）全部（A）：在绘图窗口中显示整个图形，其范围取决于图形所占范围和绘图界限中较大的一个。对应按钮 。

（4）中心点（C）：指定中心。

（5）动态（D）：动态显示图形。对应按钮 。

（6）范围（E）：将图形在窗口中最大化显示。对应按钮 。

（7）上一个（P）：恢复缩放显示前一个视图。对应按钮 。

（8）比例（S）：根据输入的比例显示图形。对应按钮 。

（9）窗口（W）：同指定窗口角点。对应按钮 。

（10）〈实时〉：实时缩放，按住鼠标左键向上拖拽放大图形显示，按住鼠标左键向下拖拽缩小图形显示。对应按钮 。

1.5.5 视图平移

命令：PAN（简写：P）

菜单：视图→平移→实时

按钮 ：

执行该命令后，光标变成一只手状，按住鼠标左键移动，可以拖动视图一起移动。按 Esc 或 Enter 键退出，或单击右键在快捷菜单中选择需要的操作。

1.5.6 鼠标滚轮的缩放平移功能

如果使用带滚轮的鼠标作为电脑外设，可以利用滚轮对图形进行缩放，向前滚动滚轮图形放大，向后滚动滚轮图形缩小，此操作类似 ZOOM 命令的"实时"缩放选项。

双击滚轮（或中间键）时，图形在当前窗口中最大限度地显示，此操作类似 ZOOM 命令的"范围（E）"。

当在绘图区按下滚轮（或中间键）时，光标变成手状，此时图形将随着鼠标的移动而进行平移，此操作类似 PAN 命令。

1.5.7 图形重生成

在实时缩放和平移视图的过程中，常会碰到图形显示精度不足（这并不会影响图形的输出精度）的情形，或是平移、实时缩放不能再继续的情况，此时可用 REGEN 命令，重生成图形，解决上述问题。

命令：REGEN（简写：RE）

菜单：视图→重生成

命令：RE

REGEN

正在重生成模型。

1.6 文件保存

1.6.1 保存文件

命令：SAVE

菜单：文件→保存

按钮：

快捷键：〈Ctrl + S〉

如果编辑的文件已经命名，则系统不做任何提示，直接以当前文件名存盘；如果尚未命名，将弹出对话框，让客户确认保存路径和文件名后再保存。

1.6.2 另存文件

命令：SAVE AS

菜单：文件→另存为

执行该命令后，弹出如图 1 – 23 所示对话框。

在文件名文本框内输入文件的名称，若要改变文件存放的位置，可在"保存在"下拉列表框中选取新的文件夹。要改变文件格式，可在"保存类型"列表选择需要的格式。

AutoCAD 常用文件格式有：

（1）DWG 格式：此格式是 AutoCAD 的专用图形文件格式，不同版本的 AutoCAD 的图形文件格式不同，高版本的图形文件不能在低版本的 AutoCAD 中打开。

图 1 - 23   另存为对话框

（2）DWT 格式：此格式是 AutoCAD 的样板文件格式，建立样板文件对大量的绘图作业十分有用，可以避免重复劳动。

（3）DXF 格式：此格式是一种通用数据交换文件格式，采用此格式的 AutoCAD 图形可以被其他设计软件读取。

（4）BAK 格式：此格式是 AutoCAD 的备份文件格式，AutoCAD 在打开文件的时候会自动建立同名的 BAK 文件。图形文件出现错误不能正常打开时，可以修改 BAK 后缀为 DWG，恢复以前的绘图工作。

1.7 使用帮助

按钮：

菜单：帮助→AutoCAD 帮助

命令：HELP

快捷键：〈F1〉

在"命令"提示符下使用帮助，系统将切换到帮助主题，如图 1 - 24 所示，可以在帮助目录中按分类查找或在索引中通过关键词查找相关信息。

值得注意的是，如果在命令执行过程中运行帮助，可以直接获得与当前命令相关的帮助信息。

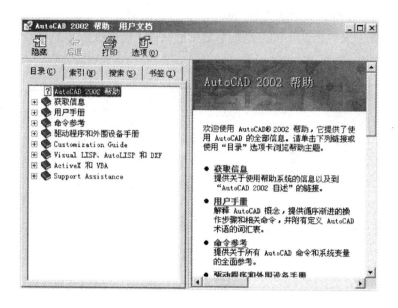

图 1-24　帮助对话框

思 考 题

1. 与手工绘图相比 AutoCAD 绘图有哪些优点？

2. AutoCAD 的工作界面由哪几部分组成？它们各有什么特点？

3. 重复执行上一个命令有哪几种方法？如何中断当前执行的命令？

4. 列出 AutoCAD 启动后显示的 4 个工具栏；若想打开其他工具栏应如何操作？

5. 鼠标右键菜单与下拉菜单相比有何不同？

6. 用 AutoCAD 绘图时，鼠标的左键、右键、滚轴键有何作用？

7. 如果想了解有关 Line 命令的帮助信息，应如何操作？

第2章 基本绘图

建筑图形都是由一些基本图形元素按照一定的位置关系组成的，基本图形元素是指线段、圆弧、圆和曲线等 AutoCAD 定义的图形实体。要完整地绘制一个复杂的建筑图形，首先要掌握基本图形元素的绘制方法。AutoCAD 提供了丰富的绘图功能，它定义了多种基本图形对象，包括：点、直线段、构造线、复合线、射线、圆、圆弧、椭圆、平面圆环、多义线、样条曲线、多边形、矩

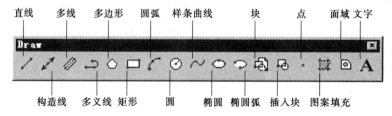

图 2-1 Draw 工具条

形、图案填充、多行文本、块和面域等等。为了方便绘图，AutoCAD 还提供了一些辅助工具，这些辅助工具和绘图命令的结合使用，能使画图更快速更准确。本章主要介绍其中二维绘图常用图形元素的绘制方法及一些辅助工具的运用。

绘图命令 Draw 工具条见图 2-1 及 Draw 下拉菜单见图 2-2。

绘制图形的过程即是执行一些绘图命令的过程。要正确地绘制出所需图形，首先要明确使用什么绘图命令及各绘图命令的操作过程。

2.1 数据及命令的输入方法

完成每一个绘图命令，都必须经过几个步骤：输入命令、给出执行命令所需的定义几何形体大小及位置的距离值和点，最后终止命令。AutoCAD 完成命令点与数值输入的基本方法是用 AutoCAD 绘制图形必须掌握的内容，后面各章节中基本命令操作中也要使用。

图 2-2 Draw 下拉菜单

2.1.1 点的输入

当用 AutoCAD 绘制图形时，系统经常提示输入点的坐标。坐标输入可以采用以下几种方法：

1. 直接键入点的坐标值

点的坐标值可以是用户坐标系下的绝对坐标，也可以是相对坐标，还可以是极坐标形式。见图 2－3 所示。

（1）绝对直角坐标。用指定点的 X，Y 坐标确定点的位置，输入格式为"X、Y"。

（2）绝对极坐标。用指定点的距离和角度确定点的位置，输入格式为"距离＜角度"。

（3）相对直角坐标。指相对于当前点的 X 和 Y 方向的距离，输入格式为"@X、Y"。

（4）相对极坐标。给出相对于当前点的距离和角度，输入格式为"@距离＜角度"，其中：角度是从指定点到当前点的连线与 X 轴之间的夹角。

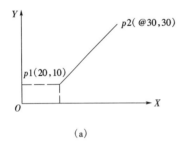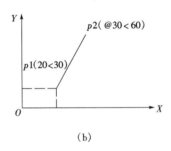

图 2－3　坐标图例

（a）绝对坐标、相对坐标；（b）极坐标、相对极坐标

（5）相对极坐标简化方式。在绘图过程中，光标常常会拉出一条"橡筋线"，并提示输入下一点坐标，此时可用光标控制方向，在键盘上输入距离值。

2.1.2 距离值的输入

有时命令中需要提供高度（height）、宽度（width）、半径（radius）、距离长度等距离值。此时 AutoCAD 提供两种输入距离值的方式：一种是用键盘在命令行中直接输入数值，另一种是在屏幕上拾取两点，以两点距离值定出所需数值（在有些命令中，第一点系统采用默认点，用户只需给出第二点。比如：画图（circle）时，要求输入半径（或直径），此时只需给出圆周上一点，系统默认第一点为圆心，以两点距离定出半径值。

2.2 绘制直线

画直线段

1. 命令的调用

命令：LINE（简写：L）

菜单：绘图→直线

按钮：

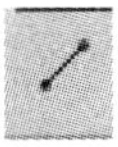

2. 命令提示及用法

命令：LINE

指定第一点：✓　　　　　　　　　　定义直线的第一点。

指定下一点或[放弃(U)]：✓　　　　定义直线的下一个端点[放弃刚绘制
　　　　　　　　　　　　　　　　　　的直线]。

指定下一点或[闭合(C)/放弃(U)]：✓ 定义直线的下一个端点[首尾闭合或
　　　　　　　　　　　　　　　　　　放弃刚绘制的直线]。

【例2-1】　用直线命令绘制图2-4。命令窗口的响应可以用以上几种方式。起始坐标A（30，50）。

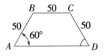

图2-4　直线绘制示例

命令：L　✓

LINE 指定第一点：30,50✓　　　　　用绝对坐标输入 A 点。

指定下一点或[放弃(U)]：@50 < 60✓　用相对极坐标输入 B 点。

指定下一点或[放弃(U)]：〈正交开〉@50✓ 将光标移到 C 点右方,输
　　　　　　　　　　　　　　　　　　入长度 50　,得到点 C。

指定下一点或[闭合(C)/放弃(U)]：@50 < -60✓ 用相对极坐标得到点 D
　　　　　　　　　　　　　　　　　　　点。

指定下一点或[闭合(C)/放弃(U)]：C✓　将多边形闭合。

2.3 辅助绘图工具

在绘制和编辑图形时，我们总要在屏幕上指定一些点。最快的定点是通过光标直接拾取，但此方法精确度很低；用输入坐标的方法定点有很高的精度，但过程很麻烦。为了既精确又快速地定点，AutoCAD 提供了正交、捕捉、栅格等几种辅助绘图工具，用来控制光标的移动，有助于在快速绘图的同时，保证

绘图的精度。

2.3.1 正交模式

1. 功能

在绘制水平和垂直直线时，为减少绘图误差，可打开正交模式，约束光标在水平或垂直方向上移动。

2. 命令调用

按钮： 正交 状态栏中正交按钮。

命令：ORTHO

快捷键：F8（注：开关按钮）

此模式可在其他命令运行过程中切换。

3. 参数及使用方法

输入模式[开(ON)/关(OFF)]〈当前值〉:输入 ON 或输入模式开（ON）/关（OFF）当前值。

图 2-5 中，直线是使用"正交"模式绘制的。点 1 是指定的第一个点，点 2 是指定第二个点时光标所在的位置。

"正交"关　　　　　　　　　"正交"开

图 2-5　"正交"模式

当用定点设备指定两点来确定角度或距离时，AutoCAD 使用"正交"模式。在"正交"模式下，光标移动限制在水平或垂直方向上（相对于 UCS），以及当前的栅格旋转角度内。AutoCAD 在透视图中忽略"正交"模式。AutoCAD 将 UCS 的 X 轴的平行方向定义为水平方向，将 Y 轴的平行方向定义为垂直方向。ORTHO 调整到与当前捕捉旋转角度对齐，而与 UCS 无关。

2.3.2 栅格和捕捉设置

1. 栅格

（1）功能

栅格是一个帮助定位的工具，在绘图区中显示类似于坐标纸一样的可见点阵，如图 2-6 所示。利用栅格设置可显示任何所需间距的点阵栅格，栅格仅在屏幕上显示，不会对图纸的输出产生任何影响，必要时可以将栅格隐藏起来以免妨碍细部观察。

注意：

捕捉工具可以建立一个不可见的栅格，用它的精确来控制光标的位置，光标移动最小间距称为捕抓间距，捕捉间距栅格可以任意设定。

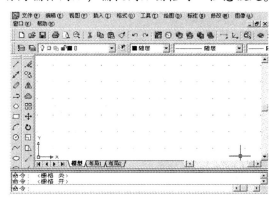

图2-6　栅格

通常栅格间距和捕捉间距设为相等，方便图形观察。

（2）命令调用

按钮：栅格　（注：开关按钮）

菜单：工具→草图设置

命令：DSETTINGS

另外，在状态栏的栅格或捕捉按钮上点击右键，在快捷菜单中选取"设置"，也可进入如图2-7所示的"草图设置"对话框。

图2-7　"草图设置"对话框

（3）参数及使用方法

启用捕捉：打开或关闭捕捉间距。

启用栅格：打开或关闭栅格点。

捕捉区

捕捉 X 轴间距：指定 X 方向的捕捉间距。

捕捉 Y 轴间距：指定 Y 方向的捕捉间距。

角度：按指定角度旋转捕捉栅格。

栅格区

栅格 X 轴间距：指定 X 方向栅格点的距离。如果该值为 30，则栅格以"捕捉 X 轴的间距"值作为该值。

栅格 Y 轴间距：指定 Y 方向栅格点的距离。如果该值为 30，则栅格以"捕捉 Y 轴的间距"值作为该值。

捕捉类型和样式区

栅格捕捉：

矩形捕捉：此选项为常用选项。

等轴测捕捉：此选项在绘制正等测图时使用。

注意：

(1) 启用和关闭栅格可以用〈F7〉功能键或点击状态栏的栅格按钮实现。

(2) 启用和关闭捕捉可以用〈F9〉功能键或点击状态栏的捕捉按钮实现。

【例 2 - 2】 为图形设置 X、Y 轴间距分别为 30、15 的栅格和捕捉，绘制图 2 - 8 台阶。

(1) 新建一个图形，单击"工具→草图设置"，弹出"草图设置"对话框。

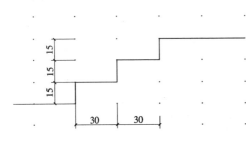

图 2 - 8 栅格与捕捉

(2) 点取"捕捉和栅格"选择卡，捕捉 X 轴间距 30，捕捉 Y 轴间距设为 15，将栅格 X 轴间距，栅格 Y 轴间距为 15，打开"启用捕捉"和"启用栅格"复选框，如 2 - 8 所示，按确定按钮结束设定。

(3) 在绘图区中可看到栅格点阵已经打开，并且光标以跳动的方式移动。

(4) 运行 LINE 命令，并用光标拾取方式依次输入各点即可。

2.3.3 对象捕捉

在图形绘制过程中，常需要根据已有的对象来确定点坐标，对象捕捉可以帮助我们快速，准确定位图形对象中的特征点，提高绘图的精确度和工作效率。

如图 2 - 9 所示，欲绘制直线 AD，其中 A 点是两直线交点，D 点是直线的中点，运行 *LINE* 命令后，如果用光标直接拾取 *A*、*D* 两点，则很难找准，但使用对象捕捉工具，就变得轻而易举。

对象捕捉有两种使用方式，即：一次性捕捉和对象捕捉模式。

1. 一次性捕捉

一次性捕捉是指，在某一命令执行中临时选取捕捉对象某一特征点，捕捉完成后，该对象捕捉功能就自动关闭。

我们可以通过两种方式来调用一次性捕捉。一是通过"对象捕捉"工具栏，如图 2 – 10 所示；二是通过"Shirt + 鼠标右键"调出的快捷菜单，如图 2 – 11所示。

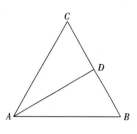

图 2 – 9　直线及捕捉
命令示例

图 2 – 10　一次性"对象捕捉"工具栏

下面是图 2 – 9 中 *AB* 线段绘图过程：

命令：LINE

指定第一点：按"Shirt + 鼠标右键"的组合键，在弹出的图 2 – 10 所示的快捷菜单中选取"交点"选项。

指定第二点：按"Shirt + 鼠标右键"的组合键，在弹出的图 2 – 11 所示的快捷菜单中选取"中点"选项。

注意：

（1）只有在绘图过程中出现输入点的显示时，方可以使用对象捕捉，否则，将视为无效命令。

（2）一次性捕捉只适合少量，间断性的对象特征点捕捉，如需连续的对象捕捉则建议使用对象捕捉模式。

2. 对象捕捉模式

一次性捕捉方式在每次进行对象捕捉前，需要先选取菜单或工具，比较麻烦，在进行连续、大量的对象特征点捕捉时，常使用对象捕捉模式，它可以先设置一些特征点名称，然后在绘图过程中可以连续地进行捕捉。要使用对象捕捉模式，必须先对其进行设置。

（1）命令调用

图 2 – 11　一次捕捉

27

按钮：对象捕捉 状态栏。

命令：OSNAP

菜单：工具→草图设置

在状态栏中的对象捕捉按钮上右击，从快捷菜单中选择"设置"，打开"草图设置"对话框中的"对象捕捉"选项卡，如图2-12所示。

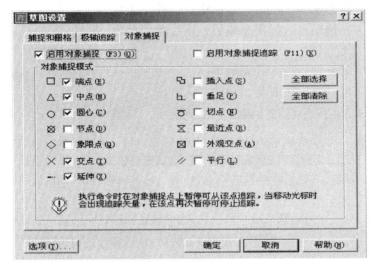

图2-12 "对象捕捉"选项卡

(2) 参数及使用方法

1) 启用对象捕捉：控制是否启用对象捕捉，可使用F3功能键或单击状态栏的对象捕捉按钮，控制启用或关闭对象捕捉。

2) 启用对象捕捉追踪：控制是否启用对象捕捉追踪。关于对象捕捉追踪将在稍后的内容中介绍。

3) 全部消除：关闭所有对象捕捉模式。

4) 全部选择：打开所有对象捕捉模式。

5) 对象捕捉模式区：设置捕捉的对象特征点，其中的各项参数请参考图2-12。

注意：

(1) 在对象密集的图形中使用对象捕捉模式，往往不容易选准所需的特征点，此时可以用一次性捕捉方式进行捕捉。

(2) 如在绘图中需要暂时关闭对象捕捉模式，可按〈F3〉功能键或点击状态栏中的对象按钮，暂时关闭对象捕捉模式。

2.3.4 自动追踪与极轴追踪

1. 自动追踪

自 AutoCAD 2000 新增了自动追踪功能。"追踪"是指从图形中已有的点引出追踪线，将光标吸附在追踪线上来定位所需的点。

自动追踪有两种方式，一种为极轴追踪，另一种为对象追踪。

2. 极轴追踪

极轴追踪功能是在指定起始点后，命令提示指定另一点时，AutoCAD 按预设的角度增量方向显示出追踪线，这时可将光标吸附在追踪上，点取所需的点。

极轴追踪与正交模式相似，但其角度设定更为灵活，而且与对象捕捉结合使用时，还可捕捉追踪线与图形交点。

（1）命令调用

命令：DESTTINGS

菜单：工具→草图设置

还可以在状态栏中右击极轴按钮，选择快捷菜单中的"设置"，打开"草图设置"对话框中的"极轴追踪"选项卡，如图 2-13 所示。

（2）参数及使用方法

启用极轴追踪：打开或关闭极轴追踪，其快捷键为〈F10〉。

极轴角设置区

角增量：设置极轴角增量大小。缺省为 90，即捕捉 90 的整数倍角度。用户可以选择其他预设角度或输入新的角度，当光标移动到设定角度或其整数倍角度附近时，自动被吸附过去并显示极轴和当前的方位。

附加角：该复选框设定是否启用附加角。极轴追踪时，系统会捕捉角增量及其整倍数角度或附加角度，但不捕捉附加角的整倍数角度。

新建：新增加一个附加角。

删除：删除选定的附加角。

对象捕捉追踪设置区

仅正交追踪：在对象捕捉追踪时采用正交方式。

用所有极轴角设置追踪：在对象捕捉追踪时采用所有极轴角。

极轴角测量单位区

绝对：设置极轴角为绝对角度。

相对于上一段：设置极轴角为相对于上一段的角度。

【**例 2-3**】 用极轴追踪绘制如图 2-13 所示的矩形。

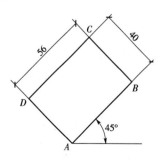

图 2-13 极轴追踪

(1) 右击状态行的极轴按钮，在弹出的菜单中选择"设置"，打开"草图设置"对话框，如图 2-14 所示。

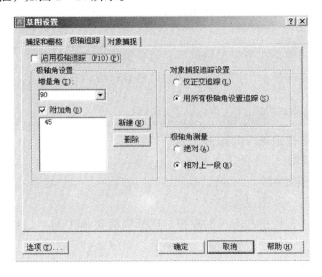

图 2-14　极轴追踪设置

(2) 打开"启用极轴追踪"复选框，确认"角增量"为 90。

(3) 打开"附加角"复选框，并新建一个 45°的附加角。

(4) 打开"用所有极轴角设置追踪"复选框。

(5) 设定"极轴角测量单位为"相对上一段"，按确定按钮结束设置。

(6) 运行绘制直线命令，其过程如下：

命令：LINE 指定第一点，在绘图区选取 A 点。

指定下一点或放弃 U：56↙　　　将光标移至 45°附近，出现 45°追踪线，输入 56，得到 B 点。

指定下一点或放弃，〈U〉：40↙　　将光标移至 C 点附近，出现 90 追踪线，输入 40，得到 C 点。

指定下一点或〈闭合 C/放弃 U〉：56↙将光标移至 D 点附近，出现 90 追踪线，输入 56，得到 D 点。

指定下一点或〈闭合 C/放弃 U〉：C↙闭合图形，结束命令。

结果如图 2-14 所示。

3. 对象追踪

对象追踪必须在对象捕捉、对象追踪模式同时打开时方可使用，它可以在对象捕捉点发出各级轴方向的追踪线，这样就可以方便地获取追踪线上的点。此外，用它可以捕捉到追踪线与图形、追踪线与追踪线点交点。

利用对象追踪功能，我们就可以在绘图过程中省去许多绘制辅助线的工作。

（1）对象追踪的设置

对象追踪的设置包含两个方面：一是极轴追踪设置；二是对象捕捉设置。这两部分在前面已经做了详细介绍，这里不再多说，启用/关闭对象追踪的快捷键〈F11〉。

（2）对象追踪的使用

【例2－4】　应用对象追踪功能，在已知矩形的中心绘制半径10的圆，如图2－15。

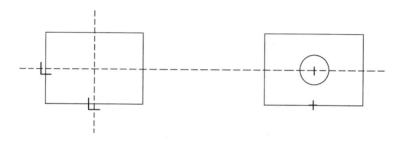

图2－15　对象追踪

（1）右击状态行的极轴追踪按钮，在快捷菜单中选择"设置"选项，打开"草图设置"的对话框，在"极轴追踪"选项卡中设定角度增量为90。

（2）点取"对象捕捉"选项卡，打开"中点"捕捉模式，按确定按钮完成设置。

（3）打开状态行的对象捕捉和对象追踪按钮。

（4）运行绘制圆命令，其过程如下：

命令：C

CIRCLE 指定圆的圆心，将光标移到矩形左边线中点上，稍微停留，出现中点标记后，将光标水平移开，此时出现文字提示和追踪线，再将光标移到矩形邻边线中点，又出现中点标记和追踪线，此时，移动光标使两条追踪线相交，单击左键选取位置。

指定圆的半径或 D〈10.0000〉：10　输入半径为10，绘出圆。

2.4　画构造线

像手工绘图需要辅助线一样，在 AutoCAD 环境中绘图，有时也需要画辅助线。在 AutoCAD2002 中提供参照线和射线功能，在实际应用中可以帮助用户画出常用的辅助线，如：过两点、水平、垂直、竖直，成指定的绝对角度或相对角度，角平分线，成指定距离的平行线等。

1．功能

可以根据辅助线的类型输入选择，创建无限长的直线，即：参照线，一般用作辅助线。

2．命令调用

命令：XLINE

菜单：绘图→参照线

按钮：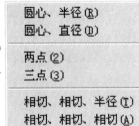

3．命令及提示

命令及提示"水平(H)/垂直(V)/角度(A)/平分线(B)/偏移(O)/〈起点〉："指定一点或输入选项。

4．参数选项及用法

水平（H）。创建通过一个指定点的水平参照线。

垂直（V）。创建一条通过指定点的垂直参照线。

角度（A）。以指定的角度创建一条参照线。

平分线（B）。创建一条参照线，它经过选定的角顶点，并且将选定的两条线之间的夹角平分。

偏移（O）。创建平行于另一个对象的参照线。

2.5 绘制圆、圆弧

2.5.1 绘制圆

1．功能

可以用若干种方法创建圆，默认方法是指定圆心和半径。

2．命令调用

按钮：

命令：CIRCLE（简写：C）

菜单：　　　绘图→圆→

| 圆心、半径 (R) |
| 圆心、直径 (D) |
| 两点 (2) |
| 三点 (3) |
| 相切、相切、半径 (T) |
| 相切、相切、相切 (A) |

3．命令及提示

命令：CLRCLE

指定圆的圆心或［三点（3P）/两点（2P）/相切、相切、半径（T）]:

指定圆的半径或［直径（D）]:

4. 参数选项及用法

从下拉式菜单中可显示下列选项：

圆心、半径：已知圆心及半径；

圆心、直径（D）：已知圆心及直径；

两点（2）：输入两个点作为圆的直径两端绘制出圆；

三点（3）：给定三点作为圆周上三点绘制圆；

相切、相切、半径（T）：两个已知的几何元素（圆或直线）相切，半径为给定值；

注意：

如果给定的半径数值小于两已知元素间的最小距离，定义无效。而且如果已知几何元素为圆，拾取时点取的位置会影响相切结果。

相切、相切、相切：已知三个对象相切。

（1）圆心、半径 图 2 - 16（a）

指定圆的圆心或［三点（3P）/两点（2P）/相切、相切、半径（T）］

点 1 为圆心；

指定圆的半径或［直径（D）］：20　　　　　　　　输入半径 20。

（2）圆心、直径（由下拉式菜单选取可省略输入选项 D）图 2 - 16（b）

指定圆的圆心或［三点（3P）/两点（2P）/相切、相切、半径（T）］：

选取圆心点 1

指定圆的半径或［直径（D）]〈20.0000〉：D　　输入选项 D；

指定圆的直径〈40.0000〉：　　　　　　　　40　输入直径 40。

（3）两点定一圆（由下拉式菜单选取可省略输入选项 2P）图 2 - 16（c）

指定圆的圆心或［三点（3P）/两点（2P）/相切、相切、半径（T）］：

2P　　输入选项 2P。

指定圆直径的第一个端点：　　　　　　　　选取第一点 1

指定圆直径的第二个端点：　　　　　　　　选取第二点 2

（4）三点定一圆（由下拉式菜单选取可省略输入选项 3 P）图 2 - 16（d）

指定圆的圆心或［一点（3P）/两点（2P）/相切、相切、半径（T）］：

3P　　输入选项 3P

指定圆上的第一点：　　　　　　　　　　选取第一点 1。

指定圆上的第二点：　　　　　　　　　　选取第二点 2。

指定圆上的第三点：　　　　　　　　　　选取第三点 3。

（5）相切、相切、半径（由下拉式菜单选取可省略输入选项 T）图 2 - 16（e）、图 2 - 16（f）。

指定圆的圆心或［三点（3P）/两点（2P）/相切、相切、半径（T）］：

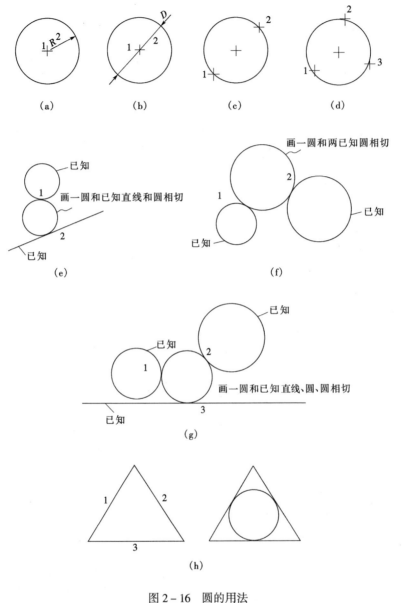

(a) (b) (c) (d)

(e) (f)

(g)

(h)

图 2-16 圆的用法

T↙ 输入选项 T;

指定对象上的点作为圆的第一个切点：↙ 选取切点 1。
指定对象上的点作为圆的第二个切点：↙ 选取切点 2。
指定圆的半径〈18.4186〉：   ↙ 输入半径 3。

（6）相切、相切、相切（由下拉式菜单选取可省略输入）图 2-16（g）、

图 2 – 16（h）。

指定对象上的点作为圆的第一个切点：↙ 选取切点 1。

指定对象上的点作为圆的第二个切点：↙ 选取切点 2。

指定对象上的点作为圆的第三个切点：↙ 选取切点 3。

AutoCAD 提供多种绘制圆的方法，可根据已知参数进行绘制。

【例 2 – 5】 绘制图 2 – 17（c）三个相等的圆且与三角形的两个边相切。

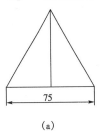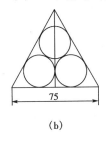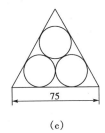

（a）   （b）   （c）

图 2 – 17 圆的命令

（1）作一辅助线，将三角形顶点与底边中点连接，画一直线，图 2 – 17（a）；

（2）在菜单栏绘图→圆→相切、相切、相切；

（3）分别选取相切的三条边，生成圆，图 2 – 17（b）；

（4）擦除辅助线，生成所需图形，图 2 – 17（c）。

2.5.2 绘制圆弧

1. 功能

可以用若干种方法创建圆弧，默认方法是三点定一弧。

2. 命令调用

按钮：⌒

菜单：绘图→圆弧→

命令：ARC（简写：A）

三点(P)
起点、圆心、端点(S)
起点、圆心、角度(T)
起点、圆心、长度(A)
起点、端点、角度(N)
起点、端点、方向(D)
起点、端点、半径(R)
圆心、起点、端点(C)
圆心、起点、角度(E)
圆心、起点、长度(L)
继续(O)

3. 参数选项及用法

参数选项字母含义见图2-18。

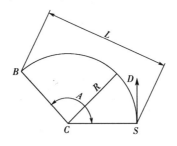

图2-18 圆弧字母含义

(1) 三点定一圆弧 图2-19 (a)。

指定弧的起点或 [圆心 (C)]：↙　　　　　　选取起点1。
指定弧的第二点或 [圆心 (C) /端点 (E)]：↙　选取第二点2。
指定弧的端点：　　　　　　　　　　　　　　选取端点3。

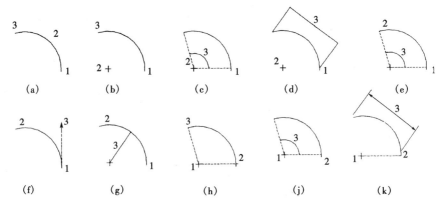

图2-19 圆弧命令参数选项图

(2) 起点、圆点、终点（下拉式菜单选取不需输入选项，直接给点即可）图2-19 (b)。

指定弧的起点或 [圆心 (C)]：↙　　　　　　选取起点1。
指定弧的第二点或 [圆心 (C) /端点 (E)]：↙　输入选项 C。
指定弧的圆心：↙　　　　　　　　　　　　　选取圆心2。
指定弧的端点或 [角度 (A) /弦长 (L)]：↙　选取端点3。

(3) 起点、圆心、角度（下拉式菜单选取不需输入选项，直接给出点与夹角即可）图2-19 (c)。

指定弧的起点或 [圆心 (C)]：↙　　　　　　选取起点1。
指定弧的第二点或 [圆心 (C) /端点 (E)]：↙　输入选项 C。

指定弧的圆心：↙   选取圆心 2。

指定弧的端点或 ［角度（A）/弦长（L）］：↙   输入选项 A。

指定夹角：↙   输入夹角值 3。

（4）起点、圆心、弦长（下拉式菜单选取不需输入选项，直接给出点与弦长即可）图 2 - 19（d）。

指定弧的起点或 ［圆心（C）］：↙   选取起点 1。

指定弧的第二点或 ［圆心（C）/端点（E）］：↙   输入选项 C。

指定弧的圆心：↙   选取圆心 2。

指定弧的端点或 ［角度（A）/弦长（L）］：↙   输入选项 L。

指定弦长：↙   输入弦长值 3。

（5）起点、端点、角度（下拉式菜单选取不需输入选项，直接给出点与夹角即可）图 2 - 19（e）。

指定弧的起点或 ［圆心（C）］：↙   选取起点 1。

指定弧的第二点或 ［圆心（C）/端点（E）］：↙   输入选项 E。

指定弧的端点：↙   选取端点 2。

指定弧的圆心或 ［角度（A）/方向（D）/半径（R）］：↙ 输入选项 A。

指定夹角：↙   输入夹角值 3。

（6）起点、端点、方向（下拉式菜单选取不需输入选项，直接给出点即可）图 2 - 19（f）。

指定弧的起点或 ［圆心（C）］：↙   选取起点 1。

指定弧的第二点或 ［圆心（C）/端点（E）］：↙   输入选项 E。

指定弧的端点：   选取端点 2。

指定弧的圆心或 ［角度（A）/方向（D）/半径（R）］：↙ 输入选项 D。

指定弧的起点的切线方向：↙   输入选取点 3。

（7）起点、端点、半径（下拉式菜单选取不需输入选项，直接给出点与半径即可）图 2 - 19（g）。

指定弧的起点或 ［圆心（C）］：↙   选取起点 1。

指定弧的第二点或 ［圆心（C）/端点（E）］：↙   输入选项 E。

指定弧的端点：↙   选取端点 2。

指定弧的圆心或角度（A）/方向（D）/半径（R）］：↙   输入选项 R

指定弧半径：↙   输入半径值 3。

（8）圆心、起点、终点 ［下拉式菜单选取不需输入，直接给出点即可］图 2 - 19（h）。

指定弧的起点或 ［圆心（C）］：↙   输入选项 C。

指定弧的圆心：↙   选取圆心 1。

指定弧的起点：✓   选取起点 2。

指定弧的端点或 [角度 (A) /弦长 (L)]：✓   选取端点 3。

（9）圆心、起点、角度（下拉式菜单选取不需输入选项，直接给出夹角即可）图 2-19 (j)。

指定弧的起点或 [圆心 (C)]：✓   输入选项 C。

指定弧的圆心：✓   选取圆心 1。

指定弧的起点：✓   选取起点 2。

指定弧的端点或 [角度 (A) /弦长 (L)]：✓   输入选项 A。

指定夹角：   输入夹角 3。

（10）圆心、起点、弦长（下拉式菜单选取不需输入选项，直接给出点与弦长即可）图 2-19 (k)。

指定弧的起点或 [圆心 (C)]：✓   输入选项 C。

指定弧的圆心：✓   选取圆心 1。

指定弧的起点：✓   选取起点 2。

指定弧的端点或 [角度 (A) /弦长 (L)]：✓   输入选项 L。

指定弦长：✓   输入弦长值 3。

绘制圆弧的方法很多，可根据以上给出条件有步骤进行练习。

注意：

（1）绘制圆弧时，方向按系统设置的角度方向（顺时针或逆时针）。

（2）当输入角度时，正值输入，圆弧沿与系统设置一致的方向；负值输入，圆弧沿与系统设置相反的方向。

（3）当输入弦长时，正值输入，圆弧取小于等于半圆的部分；负值输入，圆弧取大于等于半圆的部分。

（4）输入的弦长必须小于等于直径，否则无效。

（5）在使用下拉菜单绘制圆弧的过程中，各项参数是明确的，不用再选择参数。

（6）如使用 ARC 命令或按钮绘制圆弧，则需根据已知条件和命令行提示，逐项选择参数。

2.6 绘制多段线、矩形、多边形

2.6.1 绘制多段线

多段线是由一系列具有宽度性质的直线段或圆弧段组成的单一对象，它与使用 LINE 命令绘制的彼此独立的线段有明显不同。

1. 命令调用

按钮：⟳

菜单：绘图→多段线

命令：PLNE（简写：PL）

2．命令及提示

命令：PLINE

指定起点：

指定下一点或［圆弧（A）/闭合（CL）/半宽（H）/长度（L）/放弃（U）/宽度（W）］：*A*

指定圆弧的端点或

［角度（A）/圆心（CE）/闭合（CL）/方向（D）/半宽（H）/直线（L）/半径（R）/第二点（S）/放弃（U）/宽度（W）］：

3．参数及用法

下一点：输入点后，绘制一条直线段。

闭合：在当前位置到多段线起点之间绘制一条直线段以闭合多段线。

半宽：输入多段线宽度值的一半。

长度：沿着前一线段相同的角度并按指定长度绘制直线段。

放弃：删除最近一次添加到多段线上的直线段。

宽度：指定下一条直线段的宽度。

圆弧：将弧线段添加到多段线中。选择此参数，进入圆弧绘制状态，出现绘制圆弧的一系列参数，其含义如下：

端点：指定绘制圆弧的端点。弧线段从多段线上一段端点的切线方向开始绘制。

角度（A）：指定从起点开始的弧线段包含的圆心角。

圆心（CE）：指定绘制圆弧的圆心。

闭合（CL）：将多段线首尾相连封闭图形。

方向（D）：指定弧线段的起点方向。

半宽（H）：输入多段线宽度值的一半。

直线（L）：转换成直线绘制方式。

半径：指定弧线段的半径。

第二点（S）：指定三点圆弧的第二点和端点。

放弃（U）：取消最近一次添加到多段线上的弧线段。

宽度（W）：指定下一弧线段的宽度。

【例2-6】 用多段线绘制如图2-20所示图形。

命令：PLINE

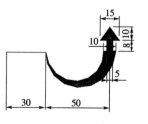

图2-20　PLINE命令

指定起点：点取起点

当前线宽为 0.000 0：当前线宽为 0。

指定端点宽度〈0.000 0〉：10↙　　　　　　线宽终止宽度为 10。

指定下一点或〔圆弧（A）/闭合（C）/半宽（H）/长度（L）/放弃
（U）/宽度（W）〕：30↙　　　　　　第二点距离长度为 30。

指定起点宽度〈0.000 0〉：↙　　　　　　线宽起始宽度为 0。

指定端点宽度〈0.000 0〉：10↙　　　　　　线宽终止宽度为 10。

指定下一点或〔圆弧（A）/闭合（C）/半宽（H）/长度（L）/放弃
（U）/宽度（W）〕：A↙　　　　　　画圆弧。

指定圆弧的端点或〔角度（A）/圆心（CE）/闭合（CL）/方向（D）/直
线（L）/半径（R）/第二点（S）/放弃（U）/宽度（W）〕：a↙　　选择角度。

指定包含角：180↙　　　　　　圆弧包括的角度 180°。

指定圆弧的端点或〔角度（A）/圆心（CE）/闭合（CL）/方向（D）/直
线（L）/半径（R）/第二点（S）/放弃（U）/宽度（W）〕：50↙

　　　　　　第二点距离长度为 50。

指定圆弧的端点或〔角度（A）/圆心（CE）/闭合（CL）/方向（D）/直
线（L）/半径（R）/第二点（S）/放弃（U）/宽度（W）〕：L↙　　画直线。

指定下一点或〔圆弧（A）/闭合（C）/半宽（H）/长度（L）/放弃
（U）/宽度（W）〕：W↙　　　　　　选择线宽。

指定起点宽度〈10.000 0〉：5↙　　　　　　线宽起始宽度为 5。

指定端点宽度〈5.000 0〉：5↙　　　　　　线宽终止宽度为 5。

指定下一点或〔圆弧（A）/闭合（C）/半宽（H）/长度（L）/放弃
（U）/宽度（W）〕：8↙　　　　　　长度为 8。

指定下一点或〔圆弧（A）/闭合（C）/半宽（H）/长度（L）/放弃
（U）/宽度（W）〕：W↙　　　　　　选择线宽。

指定起点宽度〈5.000 0〉：15↙　　　　　　线宽起始宽度为 15。

指定端点宽度〈15.000 0〉：0↙　　　　　　线宽终止宽度为 0。

指定下一点或〔圆弧（A）/闭合（C）/半宽（H）/长度（L）/放弃
（U）/宽度（W）〕：10↙　　　　　　长度为 10。

指定下一点或〔圆弧（A）/闭合（C）/半宽（H）/长度（L）/放弃
（U）/宽度（W）〕：↙　　　　　　结束命令。

结果如图 2－20 所示。

技巧提示

（1）绘制有宽度部分请先设置宽度：当进入 PLINE 命令时，选择起始点，
发现不同宽度时，请先改宽度，再画宽度线。

（2）PLINEWID 变量：该变量存放目前 PLINE 宽度的内定值，如果有需要可由此处先作修改。

（3）PLINE 最小标准宽度为 0。

（4）PLINEGEN 变量：当选用特殊线型时，为避免产生不匀称绘制效果时，可事先将该变量值调整为 1。

2.6.2　绘制矩形

1. 命令调用

按钮：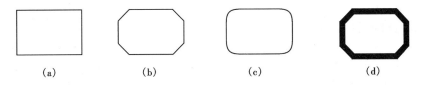

菜单：绘画→矩形

命令：RECTANGLE（简写：REC）

2. 命令及提示

命令：RECTANGLE

指定第一个角点或 [倒角（C）/标高（E）/圆角（F）/厚度（W）]：✓

指定另一个角点：✓

3. 常用参数及用法

第一个角点：定义矩形的一个顶点。

另一个角点：定义矩形的另一个对角距离。

倒角（C）：绘制带倒角的矩形。

（1）第一倒角距离：定义第一倒角距离。

（2）第二倒角距离：定义第二倒角距离。

圆角（F）：绘制带圆角的矩形。

（3）矩形的圆角半径：定义圆角半径。

宽度（W）：定义矩形的线宽。

【例题 2-7】　绘制如图示 2-21 所示的 4 个 60×40 的矩形，其中图（b）倒角距离均为 10，图（c）圆角半径均为 10，图（d）线宽为 5。

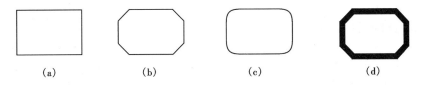

（a）　　　　　　（b）　　　　　　（c）　　　　　　（d）

图 2-21　矩形命令示例

命令：RECTANG　✓

指定第一个角点或 [倒角（C）/标高（E）/圆角（F）/厚度（T）/宽度（W）]：✓　　　　　　　　　　　　　　点取（a）图矩形左下角点。

指定另一个角点：@60、40✓　　　　　　确定右上角点。

命令：RECTANG ↙　　　　　　　　　　重复命令。

指定第一个角点或［倒角（C）/标高（E）/圆角（F）/厚度（T）/宽度（W）］：C↙　　　　　　　　　　设置倒角。

指定矩形的第一个倒角距离〈0.0000〉：10↙　第一个倒角距离为10。

指定矩形的第二个倒角距离〈10.0000〉：↙　第二个倒角距离为10。

指定第一个角点［倒角（C）/标高（E）/圆角（F）/厚度（T）/宽度（W）］：点取（b）图矩形左下角点

指定另一个角点：@60、40↙　　　　　　确定右上角点。

命令：RECTANG↙　　　　　　　　　　重复命令。

当前矩形模式：倒角 = 10.0000×10.0000

指定第一个角点或［倒角（C）/标高（E）/圆角（F）/厚度（T）/宽度（W）］：F↙　　　　　　　　　　设置圆角。

指定矩形的圆角半径〈5.0000〉↙　　　　圆角半径为10。

指定第一个角点或［倒角（C）/标高（E）/圆角（F）/厚度（T）/宽度（W）］：↙　　　　　　　　　　点取（c）图矩形左下角点。

指定另一个角点：@60、40↙　　　　　　确定右上角点。

命令：RECTANG↙　　　　　　　　　　重复命令。

当前矩形模式：圆角 = 10.0000

指定第一个角点或［倒角（C）/标高（E）/圆角（F）/厚度（T）/宽度（W）］：F↙　　　　　　　　　　设置圆周角。

指定矩形的圆周角半径〈5.0000〉0↙　　　圆角半径为0。

指定第一个角点或［倒角（C）/标高（E）/圆角（F）/厚度（T）/宽度（W）］：W↙　　　　　　　　　　设置线宽。

指定矩形的线宽〈0.0000〉：5↙　　　　　线宽为1。

指定另一个角点：@60、40↙　　　　　　确定右上角点。

结果如图 2－21 所示。

2.6.3　绘制正多边形

1. 命令调用

按钮：⬠

菜单：绘图→多边形

命令：POLYGON（简写：POL）

2. 命令及提示

命令：POLYGON

输入边的数目〈X〉：↙

指定多边形的中心点或［边（E）］：↙

输入选项［内接于圆（I）/外切于圆（C）］〈I〉：↙

指定圆的半径：↙

3. 参数含义及用法

边的数目：输入正多边形的边数。

中心点：指定绘制的正多边形的中心点。

边（E）：采用输入其中一条边的方式产生正多边形。

外切于圆（I）：绘制的多边形内接于随后定义的圆。

圆的半径：定义内切圆或外接圆的半径。

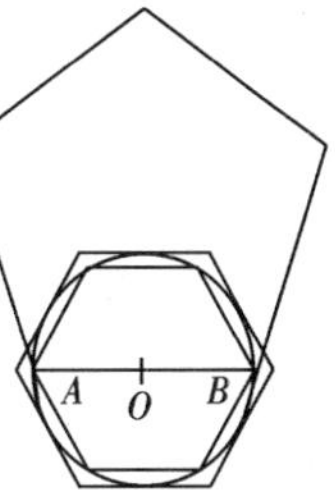

图2－22　内接、外切、
已知边长多边形

【例2－8】　绘制如图2－22所示图形。

命令：指定圆的圆心或［一点（3P）/两点（2P）/相切、相

切、半径（T）］：O点　↙　　　　　　　　　　　指定圆心O点。

　　指定圆的半径或［直径（D）］：50　↙　　　　　输入半径50。

　　命令：POLYGON↙

　　输入边的数目〈4〉：6　↙

　　指定多边形的中心点或［边（E）］：↙　　　　　打开捕捉圆心O点。

　　输入选项［内接于圆（I）/外切于圆（C）］〈I〉：↙　　用"内接于圆"方式绘制
　　　　　　　　　　　　　　　　　　　　　　　　正六边形。

　　指定圆的半径：50

　　正六边形绘制完毕。

　　命令：POLYGON

　　输入边的数目〈6〉：6　↙

　　指定多边形的中心点或［边（E）］：　　　　　　捕捉圆心O点。

　　输入选项［内接于圆（I）/外切于圆（C）］〈I〉：C↙　　用"圆的外切六边形"方
　　　　　　　　　　　　　　　　　　　　　　　　式绘制多边形。

　　指定圆的半径：50↙

　　圆的外切六边形绘制完毕。

　　命令：POLYGON↙

　　输入边的数目〈6〉：5↙

　　指定多边形的中心点或［边（E）］：E↙

　　指定边的第一个端点：捕捉A点。

　　指定边的第二个端点：捕捉B点。

　　已知边长，绘制正五边形绘制完毕。

2.7 绘制椭圆和椭圆弧

椭圆的绘制由定义其长度和宽度的两条轴决定。较长的轴称为长轴，较短的轴称为短轴，如图 2 – 23。

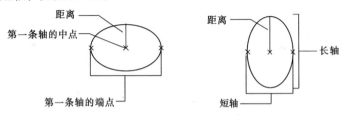

图 2 – 23 椭圆形的组成

1．命令的调用

按钮：

命令：ELLIPSE（简写：EL）

菜单：绘图→椭圆

2．命令及提示

命令：ELLIPSE✓

指定椭圆的轴端点或［圆周弧（A）/中心点（C）］：✓

指定椭圆的中心点：✓

指定另一个半轴长度或［旋转（R）］：✓

3．参数及用法

端点：　　　指定椭圆轴的端点。

半轴长度：指定半轴的长度。

旋转：　　　指定一轴相对于另一轴的旋转角度，角度值需在 0~89.4 之间。

命令：ELLIPSE✓

轴端点输入模式（图 2 – 24）。

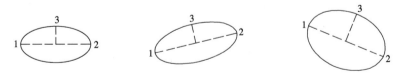

图 2 – 24 椭圆轴端点输入模式

指定椭圆的轴端点或［圆弧（A）/中心点（C）］：✓　　输入第一轴端点 1。

指定轴的另一个端点：✓　　　　　　　　　　　　输入第一轴端点 2。

指定轴的另一半轴长或［旋转（R）］：↙　　　　　　　　　输入轴距离或选取
　　　　　　　　　　　　　　　　　　　　　　　　　　　点 3。

椭圆轴圆心输入模式（图 2－25）。

命令：↙　　　　回车重复椭圆命令 ELLIPSE。

指定椭圆的轴端点或［圆弧（A）／中心点（C）］：C↙　　输入选项 C。

指定椭圆圆心：　　　　　　　　　　　　　　　　　选取轴圆心 1。

指定轴的端点：　　　　　　　　　　　　　　　　　选取轴端点 2。

指定另一条半轴长度或［旋转（R）］：　　　　　　　输入轴距离或选
　　　　　　　　　　　　　　　　　　　　　　　　　取端点 3。

图 2－25　椭圆轴圆心输入模式

椭圆配合旋转角度决定另一轴距离模式（图 2－26）。

命令：↙　　　　回车重复椭圆命令 ELLIPSE。

指定椭圆的轴端点或［圆弧（A）／中心点（C）］：↙　输入第一轴端点 1。

指定轴的另一个端点：↙　　　　　　　　　　　　　输入第一轴端点 2。

指定另一条半轴长度或［旋转（R）］：R↙　　　　　输入选项 R。

指定绕长轴旋转：60↙　　　　　　　　　　　　　　输入旋转角度。

角度 ＝ 0°　　　　　　　角度 ＝ 45°　　　　　　　角度 ＝ 60°

图 2－26　椭圆配合旋转角度决定另一轴距离模式

已知起始轴与弧夹角绘制椭圆（图 2－27）。

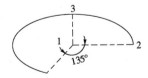

图 2－27　已知起始轴与
弧夹角绘制椭圆

命令：↙回车重复椭圆命令 ELLIPSE。

指定椭圆的轴端点或 [圆弧 (A) /中心点 (C)]: A　　输入选项 *A*。

指定椭圆弧的轴端点或 [中心点 (C)]: C↙　　　输入选项 *C*。

指定椭圆圆心: ↙　　　　　　　　　　　　　选取轴圆心 1。

指定轴的端点: ↙　　　　　　　　　　　　　选取轴端点 2。

指定另一条半轴长度或 [旋转 (R)]: ↙　　　输入轴距离或选取
　　　　　　　　　　　　　　　　　　　　　端点 3。

指定起始角度或 [参数 (P)]: 0↙　　　　　　选取起始角度点 0。

指定退出角度或 [参数 (P) /包含角度 (I)]: 225↙　选取夹角值 225°。

结果如图 2-27 所示。

2.8　绘制圆环

AutoCAD 根据中心点来设置圆环的位置。指定内径和外径之后，AutoCAD 提示用户输入绘制圆环的位置。AutoCAD 在每个指定点绘制圆环。图 2-28 为圆环的组成。

1. 命令调用

命令: DONUT (简写: DO)

菜单: 绘图→圆环

2. 命令及提示

命令: DONUT↙

指定圆环的内径 〈××〉: ↙

指定圆环的外径 〈××〉: ↙

指定圆环的中心点 〈退出〉: ↙

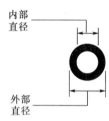

图 2-28　圆环
的组成

3. 参数及用法

(1) 内径: 定义圆环的内圈直径。

(2) 外径: 定义圆环的外圈直径。

(3) 中心点: 指定圆环的圆心位置。

(4) 退出: 结束圆环绘制，否则可以连续绘制同样的圆环。

【例 2-9】　绘制如图 2-29 所示图形。

命令: DONUT↙

指定圆环的内径 〈10.000 0〉: 20↙

指定圆环的外径 〈20.000 0〉: 30↙

指定圆环的中心点 〈退出〉: 100, 100↙

指定圆环的中心点 〈退出〉: ↙

左侧圆环绘制完毕。

命令: DONUT↙

图 2-29　圆环
绘制示例

指定圆环的内径〈5.000 0〉：0↙

指定圆环的外径〈10.000 0〉：30↙

指定圆环的中心点〈退出〉：150，100↙

指定圆环的中心点〈退出〉：↙

右侧圆环绘制完毕。

2.9   绘制点和点样式设置

1. 命令调用

按钮：·

命令：POINT（简写：PO）

菜单：绘制→点

2. 命令及提示

命令：POINT

当前点模式：PDMODE = 33 PDSIZE = 3.0000　　当前绘制点的显示模式和大
　　　　　　　　　　　　　　　　　　　　　　　　　　小。

指定点：　　　　　　　　　　　　　　　　　　　　定义点的位置。

点的外观形式和大小可以通过点样式来控制。点样式设置方法如下：

菜单：格式→点样式

运行命令后弹出如图 2 – 30 所示的"点样式"对话框。

可以选取点的外观形式并设置点的显示大小，可以相对于屏幕设置点的尺寸，也可以用绝对单位设置点的尺寸。设置完成后，图形内的点对象就会以新

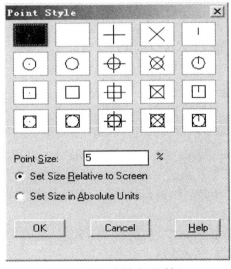

图 2 – 30　点样式对话框

的设定来显示。

提示：

点样式常用于等分对象。详见第 7 章，定数等分和定量等分。

2.10 样条曲线

对于自由曲线，可以用样条曲线命令绘制。

1. 命令的调用

按钮：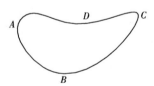

命令：SPLINE（简写：SPL）

菜单：绘制 →样条曲线

2. 命令及提示

命令：SPLINE↙

指定第一个点或［对象（O）］：↙

指定下一点：↙

指定下一点或［闭合（C）/拟合公差（F）］〈起点切向〉：↙

3. 参数选项及用法

（1）对象（O）：将已存在的拟合样条曲线多段线转换为等价的样条曲线。

（2）第一点：定义样条曲线的起始点。

（3）下一点：样条曲线定义的一般点。

（4）闭合（C）：样条曲线首尾连成封闭曲线。

（5）拟合公差（F）：定义反公差大小。拟合公差控制样条曲线与指定点间的偏差程度，值越大，生成的样条曲线越光滑。

（6）起点切向：定义起点处的切线方向。

（7）端点切向：定义终点处的切线方向。

（8）放弃（U）：该选项不在提示中出现，可输入 U 取消上一段曲线。

【例 2 – 10】　绘制如图 2 – 31 所示图形。

命令：SPLINE

指定第一个点或［对象（O）］：点取 A 点↙

指定下一点：点取 B 点↙　输入 B 点坐标。

指定下一点或［闭合（C）/拟合公差（F）］〈起点切向〉：点取 C 点↙
输入 C 点坐标。

指定下一点或［闭合（C）/拟合公差（F）］〈起点切向〉：点取 D 点↙
输入 D 点坐标。

指定下一点或［闭合（C）/拟合公差（F）］〈起点切向〉：C↙　输入闭合

图 2 – 31　样条曲线示例

选项 C。

指定起点切向：移动光标，控制曲线 A 点弯曲度，点击左键。

指定端点切向：移动光标，控制曲线 D 点的弯曲度，点击左键。

2.11 绘制多线和多线样式设置

多线是一种多重平行线，在建筑图中常用来绘制建筑墙线、道路等对象。

2.11.1 绘制多线

1. 命令调用

命令：MLINE（简写：ML）

菜单：绘图→多线

按钮：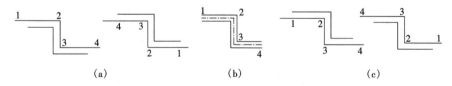

2. 命令及提示

命令：MLINE↙

当前设置：对正 = 上，比例 = 20.00，样式 = STANDARD

指定起点或［对正（J）／比例（S）／样式（ST）］：↙

指定下一点：↙

指定下一点或［放弃（U）］：↙

3. 参数含义及用法

(1) 当前设置：提示当前多线的设置。

(2) 指定起点：指定多线的起点。

(3) 对正（J）：设置多线的基准对正位置，如图 2 - 32 所示。

1) 上（T）：光标对齐多线最上方（偏移值最大）的平行线。

2) 无（Z）：光标对齐多线的 0 偏移位置。

3) 下（B）：光标对齐多线最下方（偏移值最小）0 的平行线。

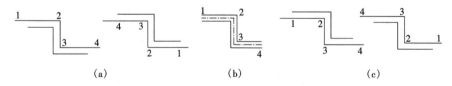

(a)　　　　　　(b)　　　　　　(c)

图 2 - 32　选项 J 的参数示例

(a) 上（T）；(b) 无（Z）；(c) 下（B）

(4) 比例（S）：指定多线的绘制比例，此比例控制平行间距大小。

(5) 样式（ST）：指定采用的多线样式名，缺省值为 STANDARD。

(6) 指定下一点：指定多线的下一点。

(7) 放弃（U）：取消最后绘制的一段多线。

注意：

（1）从左到右绘制多线时，平行线按偏移值自上而下排列，如从右到左绘制多线时，平行线的排列将发生反转，如图2-33所示。

（2）多线是一个整体，如果要修改多线，例如：修改多线间的连接，需采用专门的多线编辑命令，或将其分解后再修改，具体操作在第5章图形编辑中再作介绍。

2.11.2　多线样式设置

用缺省样式绘制出的多线是双线，其实我们还可以绘制三条或三条以上平行线组成的多线，这就需要对多线样式进行设置。

1.命令的调用

命令：MLSTYLE

菜单：格式→多线样式

输入多线样式命令后，弹出如图2-33所示的"多线样式"设置对话框。

2.参数及用法

（1）当前：显示当前多线样式，可以从列表中选择一个样式名使其成为当前样式。

（2）名称：输入新建或重命名多线样式的名称。

（3）说明：为多线样式添加说明。

图2-33　"多线样式"设置对话框

（4）加载：显示"选取载多线样式"对话框。在此对话框中可以从指定的多线库（.mln）文件中加。

（5）保存：将当前多线样式添加到指定的多线库存（.mln）文件中。

（6）添加：将"名称"框中的多线样式添加到"当前"列表中。

（7）重命名：重命名当前的多线样式。请输入样式名称然后选择重命名按钮。

（8）元素特性：修改当前多线样式中各平行线的特性。点击后显示"元素特性"对话框，如图2-34所示。

1）添加：添加一条平行线。

2）删除：删除一条平行线。

3）偏移：为选中的平行线指定偏移量。

4）颜色：为选中的平行线指定颜色。

50

5）线型：为选中的平行线指定某种线型。

（9）多线特性：修改当前多线样式中各平行线的封口和填充特性。显示"多线特性"对话框，如图 2 – 35 所示。

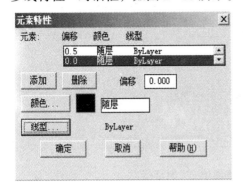

图 2 – 34　元素特性对话框　　　　　图 2 – 35　多线特性对话框

1）显示连接：控制每条多线线段顶点处连接的显示。

2）封口：控制多线起点和端点的封口形式。

3）填充：控制多线的填充，可用 颜色 按钮选择和填充颜色。

2.12　图案填充

在建筑剖面图或断面图中经常要使用某种图案去重复填充图形中的某些区域，以表达该区域的材料等特征。例如：通常以点和三角形填充表示混凝土材料，用斜线表示普通砖砌体等等。在 AutoCAD2000 中进行图案填充可以使用 BHATCH 命令实现。

BHATCH 命令是图案填充的对话框执行命令，我们可以在对话框中设置图案填充所必需的参数。图案填充过程包括两个关键步骤：①指定填充图案；②指定填充区域。

1. 命令的调用

命令：BHATCH（简写：H）

菜单：绘图→图案填充

按钮：

执行 BHATCH 命令后弹出如图 2 – 36 所示"边界图案填充"对话框。

在该对话框中，包含了"快速"和"高级"两个选项卡。

2. 参数选项及含义

快速选项卡

类型：选用填充图案类型。包括"预定义"、"用户定义"、"自定义"三大

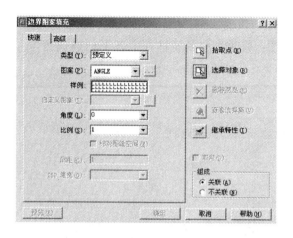

图 2-36 "边界图案填充"对话框

类。

（1）预定义：指 AutoCAD 中自带的图案类型，这些图案存储在 acad.pat 和 acadiso.pat 文件中。此项为缺省类型。

（2）用户定义：指基于当前线型创建的简单直线图案。

图案：显示当前选用图案的名称。点取此栏则列出可用的图案名称列表，我们可以通过名称选择填充图案。如果点取了图案右侧的按钮，则弹出如图 2-37 所示的"填充图案调色板"对话框，在对话框中可以直观地选择填充图案种类。

样例：显示选择的图案样例。点取图案样例，同样会弹出"填充图案调色板"对话框。在该对话框中，"ANSI"、"ISO"、"其他预定义"三个选项卡中皆属预定义

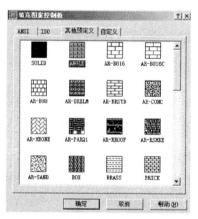

图 2-37 "填充图案调色板"对话框

类型的图案。双击图案或点取图案后点取确定按钮即可选择该图案，关于常用材料的代表图案将在随后一节中介绍。

角度：设置填充图案的旋转角度。

比例：设置填充图案的大小比例。

拾取点 ：通过拾取点的方式来自动产生一条围绕该拾取点的边界。此项要求拾取点的周围边界无缺口，否则将不能产生正确边界。

选择对象 ：通过选择对象的方式来产生一条封闭的填充边界。如果选

取边界对象有缺口，则在缺口部分填充的图案会出现线段丢失。

删除孤岛 ☒：填充时将孤岛"删除"，即不考虑存在孤岛。孤岛是指位于选择范围之内的独立区域。图2-38显示了删除孤岛和不删除孤岛的区别。

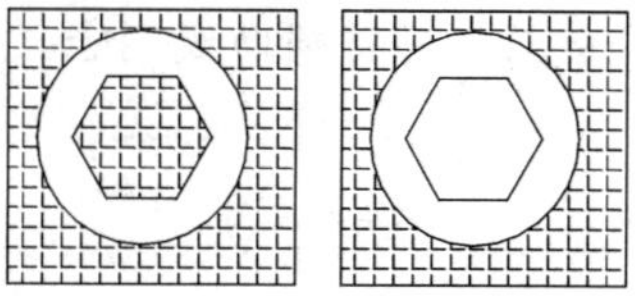

查看选择集 🔍：查看已定义的填充边界。

继承特性 🖌：控制当前填充图案继承一个已经存在的填充图案的特性。如果希望使用图形中已有的图案进行填充，但又不记得该图案的特性，使用此选项是非常好的一种方法。

图2-38 显示了删除孤岛
和不删除孤岛的区别

(a) 不删除孤岛；(b) 删除孤岛

关联：打开此项，当对填充边界对象进行某些编辑时，AutoCAD 会根据边界的新位置重新生成图案填充。关联与不关联的区别如图2-39所示。

不关联：打开此项，则表示填充图案与填充边界没有关联关系。

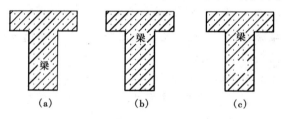

图2-39 填充图案关联与不关联的区别

(a) 填充图案原图；(b) 关联；(c) 不关联

预览：预览填充图案的最后结果。如果不合适，可以进一步调整。

确定：接受当前的填充设定，完成图案填充。

高级选项卡

高级选项卡如图2-40所示。

该选项卡中的主要选项含义如下：

孤岛检测样式：控制系统处理孤岛的方法，共有三种不同的处理方法，分别为普通、外部和忽略。它们之间的区别可以从对话框中的图例中比较得出。

保留边界：控制是否将图案填充时检测的边界保留。

边界集：如果定义了边界集，通过"拾取点"方式产生边界时，只计算边界集内的对象，可以加快填充的执行，在复杂的图形中可以反映出速度的差异。

注意：

(1) 用 BHATCH 进行图案填充时，需要填充边界是封闭的，否则，将不能正确填充。因此，对非闭合边界填充时，可先作辅助线将填充区域闭合，填充完成后，再将辅助线删除。

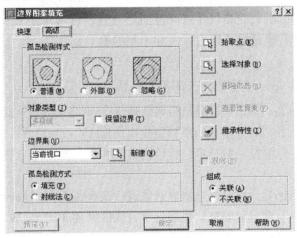

图 2-40 边界图案填充对话框——高级选项卡

（2）进行图案填充前，需将填充区域完整地显示在绘图区内，否则，可能会出现填充边界定义不正确的情况。

（3）以普通方式填充时，如果填充边界内有文字对象，且在选择填充边界时也选择了它们，图案填充到这些文字处会自动断开，就像用一个比它们略大的看不见的框子保护起来一样，使得这些对象更加清晰，如图 2-40 所示。

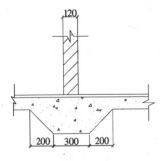

图 2-41 半砖墙基础

（4）每次填充的图案是一个整体，如需对填充图案进行。局部修改，则要用 EXPLODE 命令分解后方可进行，一般情况下，不推荐此做法，因为这会大大增加文件的容量。

【例 2-11】 填充图 2-41 所示的半砖墙基础。基础填充图案 AR-CONC 和半砖墙填充图案 ANSl31，比例为 2。

命令：BHATCH↙

弹出"边界图案填充"对话框，在快速选项卡中，将"样例"设为 AR-CONC，比例设为"10"，点取拾取点按钮，回到绘图界面。

选择内部点：点取基础之间的任何点

正在选择所有对象…

正在选择所有可见对象…

正在分析所选数据…

正在分析内部孤岛…

选择内部点：↙ 结束内部点选择回到"边界图案填充"对话框。

将"样例"设为 ANSL31、比例设为"30"，点取拾取点按钮，回到绘图界面，重复上述操作，在对话框中，点取确定按钮，完成填充。

结果如图 2-41 所示。

在建筑 CAD 制图中，图案填充还应符合如下规定：

（1）图案填充应绘制在专门的图层中，并把线宽设为细线。

（2）图案填充时，应根据图形大小设定图案的尺度比例。

（3）常用材料图案可按表 2-1 进行选用。

表 2-1　常用材料图案

图　　案	一　般　用　途
ANS131	不特指材料的剖面，剖面砖墙，阴影
ANS132	剖面钢材
ANS133	剖面石材
ANS137	剖面耐火（耐酸）砖
SOLID	用于需要填充的表面
AR – B816&16C	剖面混凝土砖块
AR – CONC	剖面混凝土
AR – CONC + ANS131	剖面钢筋混凝土
AR – PARQ1	砖墙图案
AR – RROOF	液体
AR – RSHKE	立面坡屋顶
AR – SAND	平面草坪，建筑砂浆

在表示一些无预定义图案的材料时，可以自行绘制。

（4）同类材料不同品种使用同一图例时，应在图上附加必要的说明。

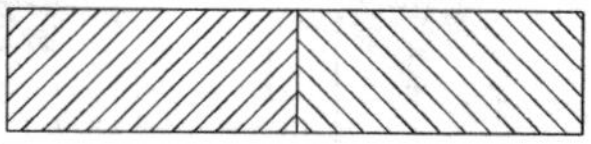

图 2-42　两个相同的图例相接

（5）两个相同的图例相接时，图例线宜错开或倾斜方向相反。如图 2-42 所示。

思　考　题

1. 坐标的输入有几种方法？在键盘上输入点坐标的常用表示方法有哪几种？

2．正交模式有何作用?

3．绘制圆有哪几种方法? 如何绘制任意三角形的内切圆和外切圆?

4．对象捕捉应在何种情况下使用? 可否在绘图命令运行过程中进行对象捕捉设置?

5．一次性对象捕捉和对象捕捉模式有何区别，各自的优点是什么?

6．极轴追踪有何作用? 它与正交模式有何相似和不同?

7．对象追踪有何作用? 极轴追踪和对象捕捉是如何影响对象追踪的?

8．多段线与直线有何区别?

9．绘制多线时，从左向右和从右向左绘制其结果有何不同?

上 机 实 训 题

1．绘出图中三角形，并绘出内切圆和外接圆

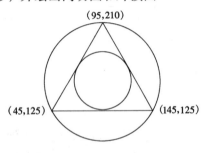

图　2-43

2．用 PLINE 绘出下列图形

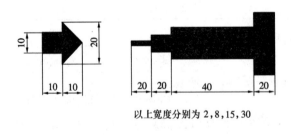

以上宽度分别为 2，8，15，30

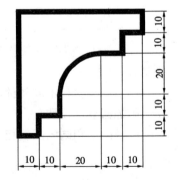

图　2-44

3．利用垂直捕捉和对象追踪绘制下列图形

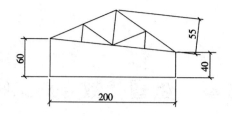

图 2-45

4. 利用栅格、捕捉完成下列视图

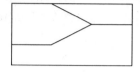

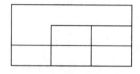

图 2-46

第3章 绘图参数与对象特性

3.1 国家标准《建筑制图》中关于绘图的有关规定

为了使读者能更好地理解比例因子的作用，我们首先讲述一下国标中对图纸幅面和绘图比例的规定，然后详细介绍如何在 AutoCAD 2002 中设置绘图范围。

3.1.1 图纸幅面尺寸

图纸幅面及格式方面的规定主要涉及图纸幅面尺寸规定、图框的格式、标题栏的方位及尺寸三项，以下分别给予描述。

绘制图样时，应优先采用表 3-1 中规定的幅面尺寸，必要时可沿长边加长。图纸的短边一般不应加长，长边可加长，但应符合表 3-2 的要求。

表 3-1 图纸幅面及周边尺寸

尺寸代号 ＼ 幅面代号	A0	A1	A2	A3	A4
$b \times l$	841 × 1189	594 × 841	420 × 594	297 × 420	210 × 297
c	10			5	
a	25				

表 3-2 图纸长边加长尺寸

幅面尺寸	长边尺寸	长 边 加 长 后 尺 寸
A0	1189	1486 1635 1783 1932 2080 2230 2378
A1	841	1051 1261 1471 1682 1892 2102
A2	594	743 891 1041 1189 1338 1486 1635 1783 1932 2080
A3	420	630 842 1051 1261 1471 1682 1892

注：有特殊要求的图纸，可采用 $b \times l$ 为 841mm × 891mm 与 1189mm × 1261mm 的幅面。

3.1.2 标题栏与会签栏

图纸的标题栏、会签栏及装订边的位置，应符合下列规定：

1. 横式使用的图纸，应按图 3-1 形式布置。
2. 立式使用的图纸，应按图 3-2、图 3-3 的形式布置。

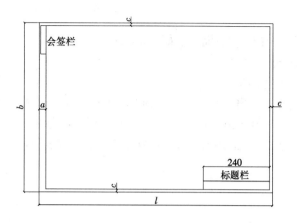

图 3-1　A0~A3 横式幅面

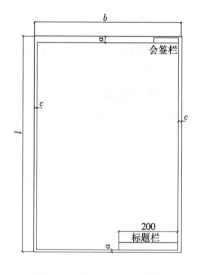

图 3-2　A0~A3 立式幅面

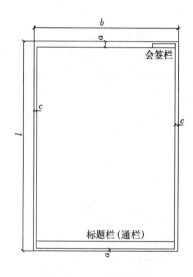

图 3-3　A4 立式幅面

3.2　设置绘图区域

当把绘好的图形输出时，图形要输出的图纸在 AutoCAD 中的反映就是图形界限。常用的图纸规格有 A0~A4，即 0~4 号图纸，图形界限应该设定为与之相对应的大小。设置好图形界限，就相当于在计算机中铺好了一张大小适当的虚拟的纸。

1．命令调用

命令行：LIMITS

下拉菜单：格式→图形界限

2. 命令提示

执行 LIMITS 命令时，系统提示如下信息：

命令：LIMITS↙

重新生成模型空间界限。

指定左下角点或 [开 (ON) /关 (OFF)] (0.0000, 0.0000)：↙

缺省状态左下角为 0.0000, 0.0000, 打开 ON, 关闭 OFF。

指定右上角点或 [420.0000/297.0000]：定义绘图界限的右上角，缺省为 3号图纸。

命令：Z↙

ZOOM

指定窗口角点，输入比例因子（*NX* 或 *NX*P），或

[全部 (A) 中心点 (C) 动态 (D) 范围 (E) 上一个 (P) 窗口 (W)] (实时)：a↙

正在重新生成模型。

注意：图形界限是世界坐标系中的二维点，表示图形范围的左下和右上边界。不能在 Z 方向上定义界限。打开界限检查（由第一个 LIMITS 提示的"开"和"关"选项控制）后，图形界限将可输入的坐标限制在矩形区域内。图形界限还决定能显示网格点的绘图区域、ZOOM 命令的比例选项显示的区域和ZOOM 命令的"全部"选项显示的最小区域。打印图形时，也可以指定图形界限作为打印区域。

【例3-1】 设置与 1 号图纸（841mm × 594mm）相对应的绘图界限，并打开绘图界限检查功能。

命令：LIMITS↙

重新生成模型空间界限。

指定左下角点或 [开 (ON) /关 (OFF)] (0.0000, 0.0000)↙

缺省状态左下角为 0.0000, 0.0000。

指定右上角点或 [420.0000/297.0000]：841, 594 定义 1 号图纸绘图界限的右上角。

命令：Z↙

ZOOM

指定窗口角点，输入比例因子（*nX* 或 *nX*P），或

[全部 (A) 中心点 (C) 动态 (D) 范围 (E) 上一个 (P) 窗口 (W)] (实时)：a↙

正在重新生成模型。

命令：LIMITS↙

指定左下角点或〔开（ON）/关（OFF）〕（0.0000，0.0000）：ON↙打开模型空间界限检查功能。

3.3 绘图单位设置

1. 功能

定义单位和角度格式。

2. 命令调用

命令行：UNITS

下拉菜单：格式→单位

3. 命令提示及含义

执行 UNITS 命令后，弹出如图 3－4所示的图形单位（Drawing Units）对话框。下面分别讲述各选项的意义。

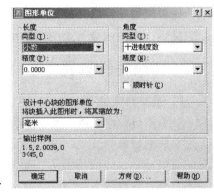

图 3－4　图形单位

长度栏

类型：用于指定单位制的类型。该值包括"建筑"、"小数"、"工程"、"分数"和"科学"。其中，"工程"和"建筑"格式提供英尺和英寸显示，并假定每个图形单位表示一英寸。一般选择小数（Decimal）制。

精度：单位制保留小数点的位数。

角度栏

类型：用于指定角度单位制的类型。

精度：角度单位制的精度，AutoCAD 在下拉列表框中列出了 5 种单位制供用户选择。默认项正是我们要用的小数精度制，其他的无需理会。和长度（Length）栏一样，当用户选好单位类型后，（精度）下拉列表中将列出该单位制的可选精度。

图 3－5　图形单位方向控制

顺时针：用于指定角度顺时针为正，没被选中时，逆时针为正。

设计中心的图块单位栏：用于指定插入图形的图块或图形使用的单位。若单位不作变换时，可在列表框中选择无单位项。

输出样板栏：用于显示所选单位制及其精度的样例。

方向按钮：用于设定基准角度和角度方向。单击后弹出 Direction Control（方向控制）对话框，如图 3－5

所示。选中单选项中 East（东）、North（北）、West（西）、South（南）任一选项，则以该方向作为角度测量的基准方向，即 0°角的位置。若选择 Other 选项，则可设置其他的基准方向。

提示：绘图区域与绘图单位也可在打开文件中的向导来设置。

3.4 图层特性设置

3.4.1 图层的概念

在绘图过程中，除了要快速准确地把设计思路用图形表达出来之外，还要方便文件的修改与交流，这就要合理的组织。AutoCAD 的每个图形对象都有各自的对象特性，如所属图层、颜色、线型、线宽及几何特性等。每一张土木工程图，都有轮廓线、剖面线、尺寸中心线、标注线等不同种类的图形对象。建筑图则更复杂，有墙线、柱网轴线、门窗阳台、设备与家具等。按照国家规范规定，这些不同种类的图形对象应采用实线、虚线、点划线等不同的线形，并且应采用不同的线宽。为了便于管理这些不同种类的图形对象，AutoCAD 创造了图层这一概念。

在绘图时可假设有一种透明的薄膜，用户将图形中的对象分类（比如按不同的物体或按规范规定的不同线形、线宽的线条对象），然后选几支粗细适当的笔，再取几张绝对相同的薄膜，将笔和薄膜编上号，并一一对应起来。用同一支笔将相同种类的对象绘制在同一张薄膜上。全部绘好后，再将所有的薄膜重叠起来。如果一个对象绘错了，可取出相应的薄膜和笔，进行修改。这样做的优点在于若某一种对象需要删除，则只需将对应的薄膜取出。

AutoCAD 中的图层便类似于这种薄膜，用户在不同图层中只要预先选好笔头，便可以在不同图层中画出不同线形、不同线宽的线条。为了便于用户操作和管理，AutoCAD 给图层赋予了图层名、锁护、开关、线形、线宽等属性。

常用的图层归类方法有两种：一是按图形绘制的内容进行分类，如墙线、柱网轴线、门窗阳台、设备与家具等；二是按图形对象相似性进行归类，如粗实线、细实线、虚线等等。

3.4.2 图层及线形特性设置

1. 命令调用

命令行：LAYER（简写：LA）

下拉菜单：格式→图层

按钮：⬚

2. 命令提示及含义

执行命令后，弹出如图 3－6 所示的（图层属性管理器）对话框。下面对主要参数进行说明。

命名图层过滤器：用于建立线型过滤集。

图 3 - 6　图层属性管理器

列表框中列出了显示所有层（Show all layers）、显示所有使用过的层（Show all used layers）、显示所有引用了外部图形的图层（Show all Xref dependent layers）3 个选项，可以有选择的显示图层和线型。

新建（N）：用于创建线型，单击该按钮后，则在如图 3 - 6 所示的 Layer Properties Manager（图层属性管理器）对话框中创建一种新线型。

删除：用于删除线型或者删除图层。

当前（C）：用于将所选图层设为当前层。

显示细节（D）/隐藏细节（D）：用于显示详细属性。

中间的大框中列出了所有指定的线型及其名称（Name）、开关状态（ON）、冻结状态（Freeze...）、锁护状态（L...）、颜色（Color）、线型（Line type）、线宽（Line weight）、打印类型（Plot style）、打印（Plot）等属性。各属性的意义如下：

（1）名称（Name）：用于标识图层，可双击线型名将其激活，然后修改。

（2）开关状态（ON）：用于打开或关闭图层。单击相应图层的图标可转换开关状态。当图标显示为关闭时，图层被关闭，此时该图层不能被显示或输出。

（3）冻结状态（Freeze...）：用于打开或关闭图层的冻结状态。单击相应图层的开关图标可转换冻结状态。当图标显示为关闭时，图层冻结，此时该图层不能被使用，系统也暂停对该图层进行处理。

（4）锁护状态（L…）：用于打开或关闭图层。单击相应图层的关闭图标可转换开关状态。当图标显示为关闭时图层被关闭，此时该图层中有的对象不能被修改。

（5）颜色（Color）属性：用于区别图层。单击颜色图标或颜色名弹出（选择颜色）对话框，如图3－7所示。单击（标准颜色）、（灰色）、（所有颜色模板）中任一种颜色，在单击确定按钮，即可选定该种颜色。

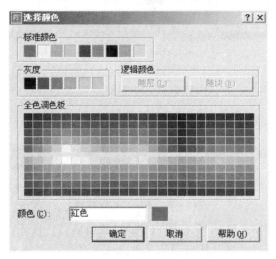

图3－7　颜色属性对话框

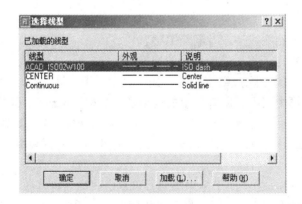

图3－8　选择线型对话框

（6）线型（Line type）：用于指定线的类型，比如实线、虚线、点划线等。单击线型名称时，弹出（选择线型）对话框，如图3－8所示。从中选择所需的线型，如果没有合适的，则单击按钮，调出（加载或重新加载线型）对话框，如图3－9所示。从中选择所需线型，单击确定按钮，返回如图3－8所示

的（选择线型）对话框，再次从中选择所需线型，单击确定按钮，返回如图
3-6所示的（图层属性管理器）对话框。

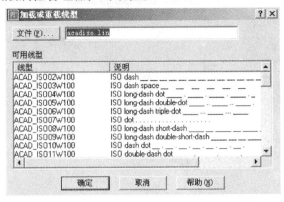

图 3-9　加载线型

（7）线宽（Line weight）属性：用于指定线条的宽度。单击相应图层的线
宽图标。可弹出（线宽）对话框，如图 3-10 所示。从中点选所需线宽，单击
确定按钮或按回车键即可，选定该种线宽，并返回如图 3-6 所示的（图层属
性管理器）对话框。

（8）打印类型（Plot style）属性：
用于指定打印类型。

（9）打印（Plot）属性：打开或关
闭图层，单击相应图层的图标可转换
打印属性的图层不能被打印出来。

（10）另外，可以使用如图 3-11
所示的（对象特性）工具条查看和修
改选定对象的特性。

图　3-10

3.4.3　使用图层的一般原则

1．为了使绘制的图形便于识别与
修改，应使用图层来管理图形，各图
层应具有特定颜色、线型、线宽等特
性。

2．图层命名应与图层中对象的实
际意义有关。可用中文、英文或缩写字母表示，如轴线、墙、柱、门窗、楼梯
等，各类对象应放置在不同的图层上。

3．一般情况下，每一图层具有一种线型、一种线宽和一种颜色，画在其

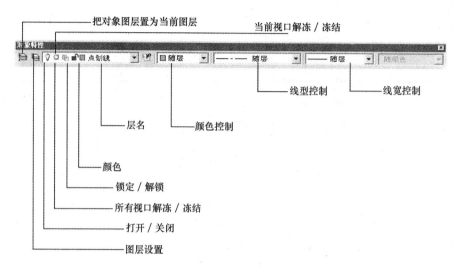

图 3 – 11　对象特性工具栏中各项含义

上面的图形对象通常都继承该层的这些特性，AutoCAD 将这种继承叫"随层"。例如：墙体所在的层线型是连续线，线宽是 0.6，颜色是绿色，打印样式为"普通"。那么画在墙层的墙线就继承了所在层的线型、线宽和颜色。但也可根据需要利用"对象特性"覆盖层的特性设置，重新设置特定的颜色、线型、线宽，如图 3 – 12。

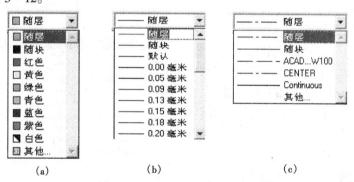

图　3 – 12
(a) 颜色；(b) 线型；(c) 线宽

4. 颜色设置主要目的是便于观察及出图时设置输出线宽。颜色的设置尽量采用标准颜色，因为标准颜色对比度大，便于观察和选用，但常用的标准颜色只有 7 种，对于复杂的建筑图形是不够的，在选用其他颜色时也要遵循便于观察的原则。

5. 建筑制图中常用图线的一般规定见表 3 – 3。

表　3-3

名　称	线　型	线宽（b）	用　　途
粗实线	——	0.7 0.5	1. 总图中新建建筑物的可见轮廓； 2. 建筑平、剖面图中被剖切的主要构造（包括构配件）的轮廓线； 3. 建筑立面图的外轮廓线和地面； 4. 建筑构造详图中被剖切的主要部分的轮廓线
中实线	——	0.35 0.25	1. 总图中新建构筑物、道路、围墙区域分界线、尺寸起止符、文字等； 2. 建筑平、剖面图中被剖切的次要构造（包括构配件）的轮廓线； 3. 建筑构造详图及建筑构配件详图中的一般轮廓线
细实线	——	0.18	小于0.5b的图形线、尺寸线、尺寸界线、图例线、索引符号、标高符号等
中虚线	- - - -	0.25	建筑构造及建筑构配件不可见轮廓线拟扩建的建筑轮廓线
细虚线	- - - -	0.18	图例线，小于0.5b不可见的轮廓线
细点画线	—·—·	0.13	中心线、对称线、定位轴线
折断线	—⌇—	0.18	不需画全的断开界限

3.4.4　设置线型比例

1. 线型比例的概念

线型定义一般是由一连串的点、短划线和空格组成的。线型比例因子直接影响着每个绘图单位中线型重复的次数。线型比例因子越小，短划线和空格的长度就越短，于是在每个绘图单位中重复的次数就越多。

线型比例分为全局线型比例因子和对象线型比例因子两种。全局比例因子将影响所有已经绘制出的图形对象，以及在此之后将要绘制的图形对象；对于每个图形对象，除了受全局线型比例因子的影响外，还受到当前对象的缩放比例因子的影响。对象最终所用的线型比例因子等于全局线型比例因子与当前对象的缩放比例因子的乘积。

2. 设置方法

命令：LTSCALE

输入新线型比例因子〈1.000〉：输入新线型比例因子〈当前值〉。

（1）使用 LTSCALE 命令更改用于图形中所有对象的线型比例因子。修改线型的比例因子将导致重新生成图形。

（2）可在格式→线型中"线型管理器（Linetype filters）"中，选择"显示细节（Show details）"。如图 3－13 所示。

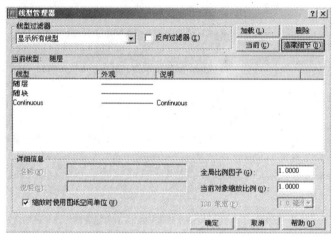

图 3－13　线型管理器

（3）在"详细信息"下，输入全局比例因子和当前对象的缩放比例，如图 3－13。如果使用 ISO 的线型，则应从列表中选择一个宽度来指定 ISO 笔宽。ISO 笔宽将标准 ISO 值设置为线型比例。最终的缩放比例是对象比例因子与全局比例因子的乘积。线型比例越小，不连续线越密。如果线型比例设定不合适，将不能正常显示图线。

线型比例的全局比例因子一般由公式 1/图形输出比例×2 来计算，如：在一个输出比例 1:100 的图中设定 ISO 线型比例，全局比例因子 $= \dfrac{1}{1/100 \times 2} = 50$

3.5　对象特性编辑

每个对象都有自己的特性，如：所属图层、颜色、线型、线宽、字串、样式、大小、位置、打印样式等。这些特性有些是共有的，有些是某些对象专有的，都可以编辑修改。

3.5.1　使用"对象特性"工具栏

如前所述，"对象特性"工具栏提供了用于查看或修改所有对象公共特性的选项，包括图层特性、颜色、线型、线宽和打印样式。如果要改变图形中已有图形对象的特性，则要选择图形对象，然后再从"对象特性"工具栏中的响应下列表中进行选择。

3.5.2 使用"图形对象管理器"查看、修改图形特性

1. 命令调用

命令行：PROPERTIES

菜单：Modify→Properties

工具条：

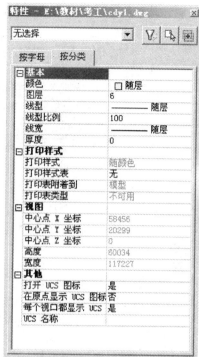

2. 命令用法

当选取了图形对象后，在对话框图3－14中立即反映出所选实体的特性。如果同时选择了多个对象，则在对话框中显示这些对象的共同特性，同时在上方的列表框中显示"全部"及数目字样。如果点取列表框的向下小箭头，将弹出所选实体的类型，此时可以点取欲编辑或查看的实体，对应的下方的数据变成该实体的特性数据，在相应的特性内容上单击即可进行修改。

3.5.3 特性匹配工具

图 3－14　对象特性对话框

如果要将某对象的特性复制到另一个对象上，通过特性匹配工具可以快速实现。此时无需逐个修改该对象的具体特性。

1. 命令调用

工具条：

菜单：修改→特性匹配（M）

命令：'-MATCHPROP

2. 命令提示及含义

命令：MATCHPROP

（1）选择源对象：选择要复制其特性的对象。

（2）当前活动设置：当前选定的匹配特性设置。

（3）选择目标对象或［设置（S）］：输入 S 或选择一个或多个要向其复制特性的对象。

（4）目标对象：指定要将源对象的特性复制到其上的对象。可以继续选择目标对象或按 ENTER 键应用特性并结束该命令。

（5）设置：设置要将哪些对象特性复制到目标对象。输入参数后，弹出3－15所示"特性设置"对话框，可在其中控制要将哪些对象特性复制到目标

对象。默认情况下，AutoCAD 选择"特性设置"对话框中的所有对象特性用于复制，其中灰色是不可选的特性。

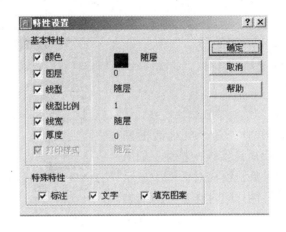

图 3 – 15　"特性设置"对话框

【例 3 – 2】　将图 3 – 16 中圆的特性复制到矩形上。

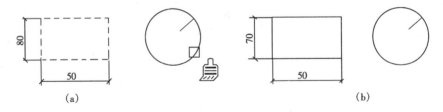

图 3 – 16　特性匹配示例

Command：'-matchprop↙　　　执行特性匹配命令。
选择源对象：　　　　　　　　点取圆。
当前活动设置：　　　　　　　颜色、图层、线型、线型比例、线宽、厚度、打印样式、文字标注、图案填充。
选择目标对象或［设置（S）］：光标变成附带刷子的拾取框，点取矩形。
选择目标对象或［设置（S）］：可以选择一个或多个，回车结束特性匹配命令，结果如图 3 – 16 所示。

【例 3 – 3】　设置图层、线型、颜色，绘制图 3 – 17 线条练习图。要求：

（1）按 1:1 比例出图设置 A3 图幅（横装），留装订边，画出图纸边界线及图框线；设置绘图区域为 420mm × 297mm。

（2）设置绘图单位，按默认设置。

（3）按以下规定设置图层及线型，并设定线型比例，不必设置线型宽度；

70

图层名称	颜色（颜色号）		线型
粗实线	白（7）	实线	CONTINUOUS
中实线	红（1）	实线	CONTINUOUS
细实线	绿（3）	实线	CONTINUOUS
中虚线	黄（2）	中虚线	DASHED
细点画线	青（4）	点画线	CENTER
折断线	紫色（6）	实线	CONTINUOUS
文字	30	实线	CONTINUOUS
图框	白（7）	实线	CONTINUOUS

（4）按图示尺寸及格式画出标题栏，填写标题栏内文字。

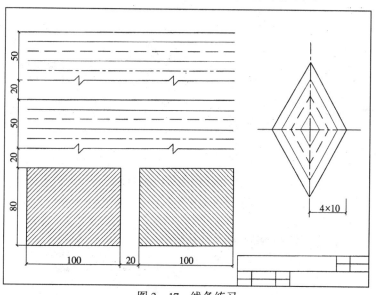

图 3-17　线条练习

其操作步骤如下：

1）设置绘图界限

命令：LIMITS↙

重新设置模型空间界限。

指定左下角点或［开（ON）/关（OFF）］（0 .0000，0.0000）：↙

指定右上角点或［420.0000/297.0000］：420，297↙

命令：Z↙

ZOOM

指定窗口角点，输入比例因子（nX 或 nXP），或

［全部（A）中心点（C）动态（D）范围（E）上一个（P）窗口（W）］

（实时）：a↙

正在重新生成模型。

2）设置绘图单位

选择格式→单位命令，或在命令行下输入 Units，弹出图形单位对话框，如图 3-18a 对话框，点击方向弹出 3-18b 对话框。在该对话框中，对图形单位各项参数进行设定，最后单击确定按钮完成本次工程绘图单位的设置。

3. 设置图层

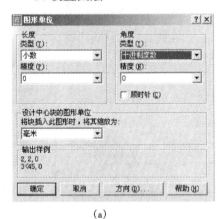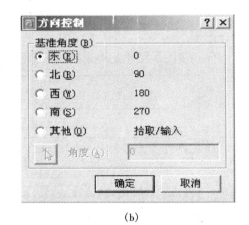

（a）　　　　　　　　　　　（b）

图 3-18　绘图单位对话框

（a）长度、角度对话框；（b）方向对话框

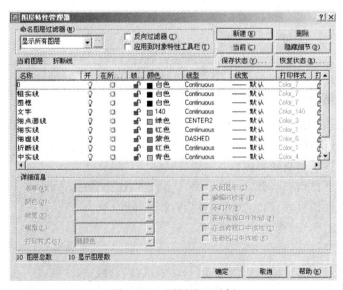

图 3-19　图层设置示例

72

单击 ⬚ 按钮，弹出图层属性管理对话框，单击对话框中的［新建（N）］按钮，创建新图层，在新图层名 Layer1、Layer2……改为所需设置的图层名。如图 3 – 19。

4. 绘制图形

①打开网格捕捉，将网格 Grid = 10，捕捉 Snap = 5；

②在不同的图层分别绘制相应的线型；

③绘制完一组线条后，用复制命令生成第二组；

④绘制矩形，并进行填充；

⑤用镜像生成另一组矩形填充；

⑥画菱形四分之一的中心线；

⑦用构造线绘制 60°线，并进行修剪；

⑧用镜像生成菱形的其他部分。

思 考 题

1. 图层中包含哪些特性设置？冻结和关闭图层的区别是什么？

2. 图层命名应注意哪些方面？

3. 线型比例对图线的显示有何影响？如何确定线型比例？

4. 线型、线宽和颜色设置中的"随层"是何含义？

5. 为什么直接指定对象颜色容易导致对象管理的混乱？应如何管理图形对象的颜色？

6. 欲将一个绘制好的对象放置到另一图层中，应如何操作？

7. 如果希望某图线显示又不希望该线条无意中被修改，应如何操作？

上 机 实 训 题

1. 绘制图 3 – 20 的基础大样图

（1）设置图形范围 3000×2000，左下角为（0，0），点击缩放命令，将显示范围设置为与图形范围相同。

（2）按所给尺寸放在不同的图层上完成下面的图形。

（3）中轴线也在同一图层上完成，线型应设定为点划线，线型中的全局比例以保证在图形中显示点划线为宜。

（4）按图形 AR – CONC，对基础及其垫层进行图案填充；按图形 ANSI 31，对砖基础进行图案填充。

2. 绘制图 3 – 21 的视图

（1）设置图形范围 3000×2100，左下角为（0，0），栅格距离为 100，光标移动间距为 50，将显示范围设置的与图形范围相同。

（2）长度单位和角度单位都采用十进制，精度为小数点后 2 位。

（3）设立新图层 CENTER，线型为 CENTER，颜色为红色；BORD 层颜色为蓝色，线型为默认值。

（4）在 CENTER 层上绘制中心线；在 BORD 层上绘制圆柱的主视图和俯视图，尺寸任意。

（5）调整线型比例，使中心线有合适的显示效果。

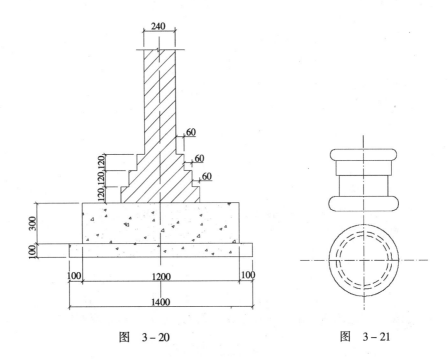

图　3－20　　　　　　　　　　图　3－21

第4章 图形编辑

前面讲述了 AutoCAD 的绘图命令，但只掌握绘图命令是远远不够的。在建筑工程图样里经常出现一些重复、均匀分布或对称的结构；在建筑的设计过程中，经常是在已有的图形上进行局部的修改就可以形成新的图形。对于这些情况，可以对已绘图形（或部分图形）进行修改、复制、移动等操作以提高绘图的效率。修改（Modify）和修改Ⅱ（ModifyⅡ）工具条如图 4 - 1 所示，修改（Modify）下拉菜单如图 4 - 2 所示。

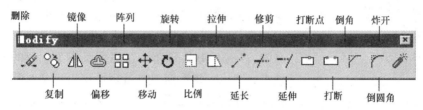

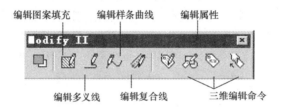

图 4 - 1　修改（Modify 和 ModifyⅡ）工具条

图形编辑命令根据其功能主要分成几类：删除与复制图形对象类命令、图形变换类命令、图形修改类命令及其他一些编辑多义线等特殊对象的命令。本章讲解了各命令的功能及使用方法。除此之外，本章还介绍了快速编辑功能及编辑的方法，对于较为熟练掌握 AutoCAD 的用户，是提高绘图效率的好方法。

4.1　选择对象

对已有的图形进行编辑，AutoCAD 提供了两种不同的编辑顺序：先下达编辑命令，再选择对象；或先选择对象，再下达编辑命令。在编辑过程中，不论是先下达编辑命令还是先选择编辑对象，都需要为编辑过程创建选择集。选择

特性(P)
特性匹配(M)
对象(O)　　　　　▶
剪裁(C)　　　　　▶

在位编辑外部参照和块(B)　▶

删除(E)
复制(Y)
镜像(I)
偏移(S)
阵列(A)...

移动(V)
旋转(R)
缩放(L)
拉伸(H)
拉长(G)

修剪(T)
延伸(D)
打断(K)
倒角(C)
圆角(F)

三维操作(3)　　　▶
实体编辑(N)　　　▶

分解(X)

图4-2　修改
（Modify）下拉菜单

对象时,被选中的对象呈虚线或亮线,如图4-3所示。

当输入一条编辑命令或进行其他某些操作时，AutoCAD 一般会提示"选择对象"，表示要求用户从屏幕上选取操作的实体，此时十字光标框变成了一个小方框（称为选择框），我们也可以在命令行输入相应的参数，选用不同的实体选择方式。下面将对主要的选择方式做详细介绍。

1.Auto：在缺省状态下，系统会进入自动模式。我们可以通过下列方法选择对象。

（1）直接点取方式：将选择框直接移放到对象上，点击鼠标左键即可选择对象。如图4-3所示。

（2）缺省窗口（W）方式：将选择框移动到图中空白处单击鼠标左键，AutoCAD 会接着提示"指定对角点"，此时将光标移动至另一位置后再单击左键，AutoCAD 会自动以这两个点作为矩形的对角顶点，确定一矩形窗口。若矩形窗口定义时移动光标是从左向右，则矩形窗口为实线，在窗口内部的对象均被选中，如图4-4所示；若矩形窗口定义时移动光标是从右向左，则矩形窗口为虚线（次窗口称交叉窗口），不仅在窗口内部的对象被选中，与窗口边界相交的对象也被选中，如图4-6所示。

2.All：输入 All 后按 Enter，自动选择图中所有对象，如图4-5所示。

3.Last：输入 L 后按 Enter，自动选择作图过程中最后生成的对象。

4.Cross：输入 C 后按 Enter，如图4-6选择框角1和框角2，按 Enter，则自动选择作图过程中矩形窗口相交叉的所有对象。

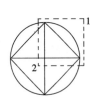

图4-3　选择对象，直接点取

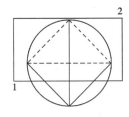

图4-4　选择对象，W

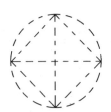

图4-5　选择对象，All

5.Fence：输入 F 后按 Enter，进入栏选方式，如图4-7（a），选择与多段折线各边相交的所有对象如图4-7（b）。

6. Wpolygon：输入 WP 后按 Enter，进入围圈方式，选择任意封闭多边形内的所有对象。

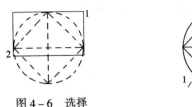

图 4-6 选择
对象，C

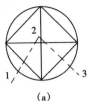

(a)

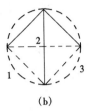

(b)

图 4-7 选择对象，F

7. Cpolygon：输入 CP 后按 Enter，进入圈交方式，选择全部位于任意封闭多边形内及与多边形边界相交的所有对象。

8. Remove：输入 R 后按 Enter，进入移出模式，提示变为"撤除对象"，再选择的对象就会从选择集中移出。

9. Previous：输入 P 后按 Enter，选择上一次生成的选择集。

10. Undo：输入 U 后按 Enter，放弃最近的一次选择操作。

技巧提示：

可以通过锁定图层来防止指定图层上的对象被选择和修改。特别是可以通过锁定图层来防止对特定对象的意外编辑。图层锁定后仍可进行其他操作。例如，可以使锁定图层作为当前图层，并为其添加对象。也可以使用查询命令（例如 LIST 命令），使用对象捕捉指定锁定图层上对象的点，修改锁定图层上的对象显示次序。

4.2 图形删除

删除对象

1. 命令调用

命令行：ERASE

下拉菜单：Modify - 〉 erase

工具条：

从屏幕上删除图形对象。Oops 命令可以取消最后一次删除操作。

2. 命令提示与实例

见上节 4.1。

4.3 复制对象

在 AutoCAD 中，复制图形退席对象的功能是非常强的。根据不同的需要，可以利用 COPY、MIRROR、ARRAY、OFFSET 四个命令进行对象复制。

4.3.1 拷贝复制

对图形中相同的对象，不论其复杂程度如何，只要完成一个后，便可以通过复制命令产生其他的若干个。复制可以减轻大量的重复劳动。

1. 命令的调用

命令：COPY（简写：CO 或 CP）

菜单：修改→复制对象

按钮：

2. 命令及提示

命令：COPY↙

选择对象：

选择对象：↙

指定基点或位移，或者［重复（M)］:

指定位移的第二点或〈用第一点作位移〉。

3. 参数选项及含义

(1) 选择对象：　　　　　选取欲复制的对象。

(2) 基点：　　　　　　　复制对象的参考点。

(3) 位移：　　　　　　　源对象和目标对象之间的位移。

(4) 重复（M)：　　　　　使用同样的基点重复复制对象。如果要将同一对象复制多次，应当使用该参数。

(5) 指定位移的第二点：指定第二点来确定位移。

(6) 用第一点作位移：　　将以原点和第一点之间的位移复制一个对象。

单一复制

【例 4 – 1】　绘制图 4 – 8（a)，将图 4 – 8（a）复制成 4 – 8（b)。

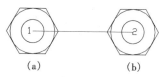

(a)　　　　　　　　　　(b)

图 4 – 8　复制对象，单一复制

命令：COPY↙

选择对象：　　　　　　　　　　　　　提示选择欲复制的对象，选择对象方式见 4.1。

选择对象：↙　　　　　　　　　　　　回车结束选择。

指定基点或位移，或者［重复（M)］:　用光标指定复制基点 1。

指定位移的第二点或〈用第一点作位移〉:　指定位移的第二点 2。

命令：

结果如图 4－8（b）所示。

重复复制

【例4－2】　将图4－9（a）所示图形复制到长方形的每一个角上。

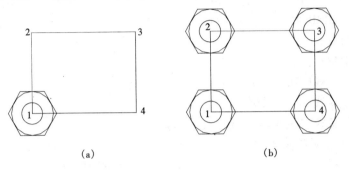

(a)　　　　　　　　　　　　　　　(b)

图4－9　复制对象，多重复制（M）

命令：COPY↙

选择对象：　　　　　　　　　　　　　　提示选择欲复制的对象。

选择对象：↙　　　　　　　　　　　　　回车结束选择。

指定基点或位移，或者［重复（M）］：M↙　进入多重复制。

指定基点或位移：捕捉长方形交点1点↙　指定复制基点。

指定位移的第二点或〈用第一点作位移〉：捕捉长方形交点2点↙

　　　　　　　　　　　　　　　　　　在2点复制。

指定位移的第二点或〈用第一点作位移〉：〈正交开〉捕捉长方形交点3点

　　　　　　　　　　　　　　　　　　在3点复制。

指定位移的第二点或〈用第一点作位移〉：捕捉长方形交点4点↙

　　　　　　　　　　　　　　　　　　在4点复制。

指定位移的第二点或〈用第一点作位移〉：↙　结束命令。

结果如图4－9（b）所示。

注意：

（1）复制对象应充分利用各种选择的方法。

（2）在确定位移时充分利用诸如对象捕捉等精确绘图的辅助工具。

（3）利用 Windows 剪贴板，可以在图形文件之间或内部进行对象复制。

4.3.2　镜像

对于对称的图形，可以只绘制一半或 1/4，然后采用镜像命令产生对称的部分。

1. 命令调用

按钮：

菜单：修改→镜像

命令：MIRROR（简写：MI）

2. 命令及提示

命令：MIRROR

选择对象：

选择对象：↙

指定镜像线的第一点：

指定镜像线的第二点：

是否删除源对象？［是（Y）/否（N）］〈否〉：

3. 参数选项及含义

(1) 选择对象： 选择欲镜像的对象。

(2) 指定镜像线的第一点： 确定镜像对称轴线的第一点。

(3) 指定镜像线的第二点： 确定镜像对称轴的第二点。

(4) 是否删除源对象？［是(Y)/否(N)］：Y 删除源对象，N 不删除源对象。

【例4-3】 将图4-10（a）所示的三角形做镜像复制成图4-10（b）。

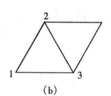

图4-10 镜像复制

命令：MIRROR↙

    选择对象： 通过窗口选择镜像对象。

    选择对象：↙ 回车结束对象选择。

    指定镜像线的第一点：捕捉2点↙ 通过对象捕捉交点2。

    指定镜像线的第二点：捕捉3点↙ 通过对象捕捉交点3。

    是否删除源对象？［是(Y)/否(N)］：(N)↙ 回车保留源对象。

    结果如图4-10（b）所示。

【例4-4】 将图4-11（a）所示的三角形做镜像复制成图4-11（b），即删除源对象。

【例4-5】 将图4-12（a）所示的三角形做镜像复制成图4-12（b），保留源对象，但文字不镜像。

命令：MIRRTEXT↙

输入 MIRRTEXT 的新值〈1〉：0↙MIRRTEXT 的缺省为 1，输入 0 文字不镜像。

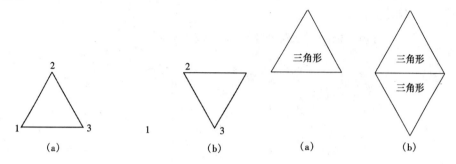

图 4-11　镜像复制，删除原对象　　　图 4-12　镜像复制，文字不镜像

注意：

（1）该命令一般用于对称图形，可以只绘制其中的一半或 1/4，然后采用镜像命令来产生其他对称的部分。

（2）对于文字的镜像，通过 MIRRTEXT 变量可以控制是否使文字和其他的对象一样被镜像。如果 MIRRTEXT 为 0，则文字不作镜像处理。如果 MIRRTEXT 为 1（缺省设置），文字和其他的对象一样被镜像。

4.3.3　阵列

1. 功能

对于规则分布的相同图形，可以通过矩形或环形阵列命令快速产生。可按指定方式排列的多个对象副本。使用矩形阵列选项创建由选定对象副本的行和列数所定义的阵列。使用环形阵列选项通过围绕圆心复制选定对象来创建阵列。

2. 命令调用

按钮： ⊞

菜单：修改→阵列

命令：ARRAY（简写：AR）

3. 对话框及参数选项

执行命令后弹出图 4-13 阵列对话框。

矩形阵列

矩形阵列参数及用法：

（1）选择对象：选择"选择对象"。"阵列"对话框关闭，选择要创建阵列的对象并按 ENTER 键。

(2) 行：在"行"框中，输入阵列中的行数。

(3) 列：在"列"框中，输入阵列中的列数。

(4) 行偏移（F）：在"行偏移"框中，输入行间距。添加加号（+）或减号（-）确定方向。

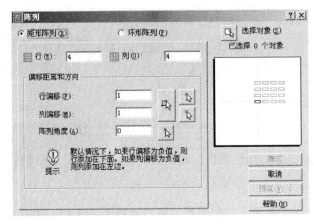

图 4 - 13　阵列对话框

(5) 列偏移（M）：在"列偏移"框中，输入列间距。添加加号（+）或减号（-）确定方向。

注意：

单击"拾取行列偏移"按钮使用定点设备指定阵列中某个单元的相对角点。此单元决定行和列的水平和垂直间距。

(1) 单击"拾取行偏移"或"拾取列偏移"按钮使用定点设备指定水平和垂直间距。

样例框显示结果。

(2) 阵列角度：要修改阵列的旋转角度，在"阵列角度"旁边输入新角度。确认角度 0 的方向设置也可以在 UNITS 中修改。

【例 4 - 6】　绘制图 4 - 14（a）的桌椅，将图 4 - 14（a）中所示的桌椅进行矩形阵列，复制成 3 行 4 列共 12 个图 4 - 13（b），行间距为 1350，列间距为 1350。

命令：ARRAY↙

弹出对话框图 4 - 15，选择矩形阵列，其操作步骤如下：

(1) 选择矩形阵列

(2) 修改行数量（例如 3）与列数量（例如 4）

(3) 输入行偏移：1350

(4) 输入列偏移：1350

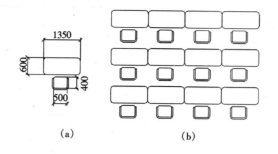

（a）   （b）

图 4 – 14   矩形阵列

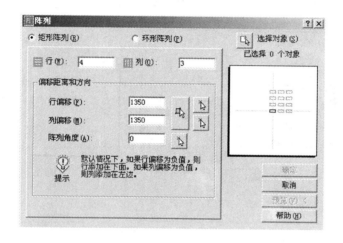

图 4 – 15   矩形阵列

（5）输入阵列角度：0

（6）选择对象：选取图 4 – 14（a）

（7）选择对象：↙

结果如图 4 – 14（b）所示。

旋转角度的矩形阵列

【例 4 – 7】   绘制图 4 – 16（a）的桌椅，将图 4 – 16（a）中所示的桌椅进行旋转角度矩形阵列，复制成 3 行 1 列图 4 – 16（b），行间距为 1600。

命令：ARRAY↙

弹出对话框图 4 – 17，选择矩形阵列，其操作步骤如下：

（1）选择矩形阵列

（2）修改行数量（例如 3）与列数量（例如 1）

（3）输入列距：1600

（4）输入阵列角度：60

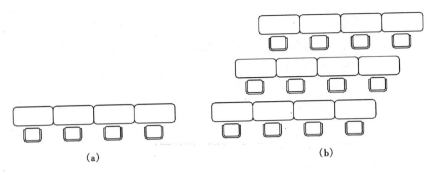

(a)   (b)

图 4 – 16　旋转角度矩形阵列

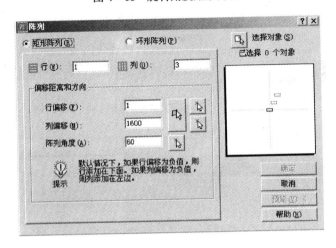

图 4 – 17　旋转角度矩形阵列

（5）选择对象：选取图 4 – 16（a）

（6）选择对象：↙

回到 4 – 17 对话框，按确定完成阵列。结果如图 4 – 16（b）。

环形阵列

环形阵列其参数选项及用法：

（1）环形阵列（P）：阵列类型为环形阵列。

（2）选择对象：选择欲阵列的对象。

（3）中心点：定义阵列中心点。

指定中点后，执行以下操作之一：

（1）输入环形阵列中点的 X 坐标值和 Y 坐标值。

（2）单击"拾取中点"按钮。"阵列"对话框关闭，AutoCAD 提示选择对象。使用定点设备，指定环形阵列的圆心。

1）输项目的总数：输入阵列数目。

2）填充角度和项目间角度：输入填充角度和项目间角度，如果可用，"填充角度"指定围绕阵列圆周要填充的距离。"项目间角度"指定每个项目之间的距离。定义填充角度，正值为逆时针阵列，负值为顺时针阵列，缺省填充角度360°。

样例框显示结果。

注意：

可用单击"拾取要填充的角度"按钮和"拾取项目间角度"按钮，并用定点设备指定填充角度和项目间角度。

【例4-8】 绘制图4-18（a）的桌椅，将图4-18（a）中所示的桌椅进行圆形阵列，复制成10个椅子，如图4-18（b）。

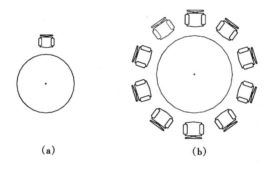

（a）   （b）

图4-18 环形阵列

命令：ARRAY↙

执行命令弹出图4-19环形阵列对话框，其操作步骤如下：

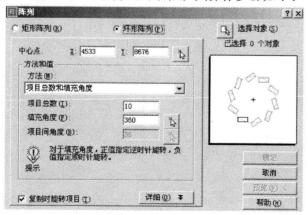

图4-19 环形阵列

（1）环形阵列（P）：　　　　　　选择环形阵列类型。

（2）选择对象：　　　　　　　　选择椅子。

（3）中心点：用光标选择圆心　定义阵列中心点。

（4）输项目的总数：10　　　　　输入阵列数目。

（5）填充角度和项目间角度：360　输入填充角度。

结果如图4-18（b）。

注意：填充角度不同。

AutoCAD2000版本操作方法：

1. 矩形阵列

命令及提示：

命令：ARRAY

选择对象：

输入阵列类型〔矩形（R）/环形（P）〕〈R〉：↙

输入行数（－－－）〈1〉：

输入列数（｜｜｜）〈1〉：

输入行间距或指定单位单元（－－－）：

指定列间距（｜｜｜）：

参数：

（1）选择对象：选择欲阵列的对象。

（2）矩形（R）：阵列类型为矩形。

（3）输入行数（－－－）〈1〉：输入矩形阵列的行数，缺省1行。

（4）输入列数（｜｜｜）〈1〉：输入矩形阵列的列数，缺省为1列。

（5）输入行间距或指定单位单元（－－－）：设定行间距或通过一矩形来定义单位单元大小，即同时定义行间距和列间距。

（6）输入列间距（｜｜｜）：输入阵列的列间距。

2. 环形阵列

命令及提示：

命令：ARRAY

选择对象：

输入阵列类型〔矩形（R）/环形（P）〕〈R〉：P↙

指定阵列中心点：

输入阵列中项目的数目：

指定填充角度（＋＝逆时针，－＝顺时针）〈360〉：

是否旋转阵列中的对象？〔是（Y）/否（N）〕〈Y〉：

参数：

（1）选择对象：选择欲阵列的对象。

（2）环形（P）：阵列类型为环形阵列。

（3）指定阵列中心点：定义阵列中心点。

（4）输入阵列中项目的数目：输入阵列数目。

（5）指定填充角度（＋＝逆时针，－＝顺时针）〈360〉：定义填充角度，正值为逆时针阵列，负值为顺时针阵列，缺省填充角度360°。

（6）是否旋转阵列中的对象？［是（Y）/否（N）］〈Y〉：Y指阵列的同时将对象旋转，N指阵列的同时不旋转对象。相当于直接在指定的圆周（圆弧）上均匀复制源对象。

4.3.4　偏移

偏移命令可以创建一个与选择对象形状相似，但有一定偏移的图形。偏移圆或圆弧可创建更大或更小的圆或圆弧，取决于向哪一侧偏移。

1. 命令调用

命令：OFFSET（简写：O）

菜单：修改→偏移

按钮：

2. 命令及提示

命令：OFFSET

指定偏移距离或［通过（T）］〈当前值〉：

选择要偏移的对象或〈退出〉：

指定点以确定偏移所在一侧：

3. 参数

（1）指定偏移距离：	输入偏移距离，该距离可以通过键盘键入，也可以通过点取两个点来定义。
（2）通过（T）：	指定偏移的对象将通过随后选取的点。
（3）选择要偏移的对象或〈退出〉：	选择欲偏移的对象，回车则退出偏移命令。

（4）选择点以确定偏移所在一侧：指定点来确定往哪个方向偏移。

已知距离偏移复制对象

【例4-8】　将图4-20（a）图形向内偏移复制，偏移距离为50。

（1）图4-20（a）由线（Line）与弧（ARC）构成。

命令：OFFSET

指定偏移距离或［通过（T）］〈当前值〉：50　　　　　输入偏移距离。

选择要偏移的对象或〈退出〉:　　　　　　　选择要偏移的对象。

指定点以确定偏移所在一侧:　　　　　　　选择内侧。

结果如图 4 – 20 （b）。

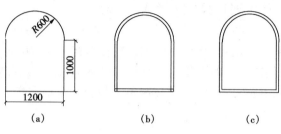

（a）　　　　　　　（b）　　　　　　　（c）

图 4 – 20　已知距离偏移复制对象

（2）图 4 – 20 （a）由多端线（PLINE）一次构成。

结果如图 4 – 20 （c）。

选择通过点复制对象

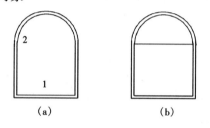

（a）　　　　　　　　　（b）

图 4 – 21　偏移复制，通过点

【例 4 – 9】　将图 4 – 21 （a）图形中的直线 1 ，通过点 2 偏移复制。

命令：OFFSET↙

指定偏移距离或［通过（T）]〈当前值〉: T　　　输入选项 T。

选择要偏移的对象或〈退出〉:　　　　　　　选择要偏移的对象 1。

指定点以确定偏移所在一侧:　　　　　　　选择点 2。

结果如图 4 – 21 （b）。

4.4　改变对象位置

在修改图形时，常常需要改变图形的位置，在 AutoCAD 中可用 MOVE 命令移动对象，用 ROTATE 命令旋转对象。

4.4.1　移动

移动命令可以将一个或一组对象从一个位置移动到另一个位置。

1.命令的调用

命令：MOVE（简写：M）

菜单：修改→移动

按钮：⊕

2. 命令及提示

命令：MOVE

选择对象：

选择对象：↙

指定基点或位移：

指定位移的第二点或〈用第一点作位移〉：

3. 参数选项及用法

（1）选择对象：　　　　选择欲移动的对象，在结束命令时按 ENTER 键。

（2）基点：　　　　　　指定移动的起始点。

（3）指定位移的第二点：指定对象移动的目标点。

（4）用第一点作位移：　用第一点到原点的位移来移动对象。

使用两点移动对象

【例 4 - 10】　将图 4 - 22（a）的圆上图形从 1 点移动到圆心。

命令：MOVE↙

选择对象：选取圆上的图形

找到 3 个

选择对象：↙

选择指定基点或位移：捕捉 1 点。

指定位移的第二点或〈用第一点作位
移〉：捕捉圆心或输入移动距离

(a)　　　　　　　(b)

图 4 - 22　移动命令示例

结果如图 4 - 21（b）所示。

注意：移动位置可通过以下方式之一确定。

（1）指定移动基点，然后指定第二点（位移点）。

（2）以笛卡尔坐标值、极坐标值、柱坐标值或球坐标值的形式输入位移。无需包含@符号,因为相对坐标是假设的。提示输入第二位移点时,按 ENTER 键。

4.4.2　旋转

旋转命令可以将某一对象旋转指定角度或参照一对象进行旋转。

1. 命令的调用

命令：ROTATE（简写：RO）

菜单：修改→旋转

按钮：↻

2. 命令及提示

命令：ROTATE

UCS 当前的正角方向：ANGDIR = 逆时针，ANGBASE = 0

选择对象：

指定基点：

指定旋转角度或［参照（R）］：

3. 参数选项及含义

（1）选择对象：选择欲旋转的对象。

（2）指定基点：指定旋转的对象。

（3）指定旋转角度或［参照（R）］：输入旋转的角度或采用参照的方式旋转对象。

（4）指定参考角〈0〉：如果采用参照方式，可指定旋转的起始角度。

（5）指定新角度：指定旋转的目的角度。

【例 4 - 11】 如图 4 - 23（a）在一个 45°外墙上开启一双开门，如图 4 - 23（b）结果所示。

图 4 - 23　旋转对象示例

命令：ROTATE↙

UCS 当前的正角方向：ANGDIR = 逆时针　ANGBASE = 0

选择对象：　　　　　　　　　　选择双开门（1）。

选择对象：↙　　　　　　　　　　回车结束对象选择。

指定旋转基点：　　　　　　　　利用中点捕捉，选择点 2。

指定旋转角度或［参照（R）］：R↙定义参考角。

指定参考角〈0〉：　　　　　　　捕捉 2 点。

指定第二点：　　　　　　　　　捕捉 3 点。

指定新角度：　　　　　　　　　捕捉 3 点。

结果如图 4 - 23（c）所示。

4.5　改变对象尺寸

在 AutoCAD 中改变对象尺寸的命令有：SCALE（比例缩放），ALIGN（对齐），STRETCH（拉伸），LENGTHEN（拉长），EXTEND（延伸），TRIM（修

剪）。

4.5.1 比例缩放

在绘图过程中经常发现绘图的图形过大或过小。通过比例缩放可以快速实现图形的大小转换。缩放时可以指定一定的比例，也可以参照其他对象进行缩放。

1. 命令的调用

命令：SCALE（简写：SC）

菜单：修改→比例缩放

按钮：⬚

2. 命令及提示

命令：SCALE

选择对象：

选择对象：✓

指定基点：

指定比例因子或［参照（R）］：

3. 参数及含义

（1）选择对象：　　　选择欲比例缩放的对象。

（2）指定基点：　　　指定比例缩放的基点。

（3）指定比例因子：　比例因子 > 1，则放大对象；比例因子 > 0 < 1，则
　　　　　　　　　　缩小对象。

（4）参照（R）：　　按指定的新长度和参考长度的比值缩放所选对象。

输入比例值模式

【例 4 – 12】　将图 4 – 24（a）所示的图形以圆心点为基准缩小一半；缩
小成图 4 – 24（b）所示。

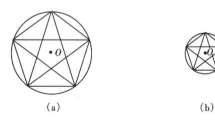

（a）　　　　　　　　　　　　（b）

图 4 – 24　缩放对象示例

命令：SCALE✓

选择对象：选取图形 4 – 24（a）。

选择对象：↙	回车结束选择。
指定基点：捕捉"0"点	确定比例缩放的基点。
指定比例因子或［参照（R）］：0.5↙	缩放为原来的0.5倍。

结果如图4-24（b）所示。

已知新旧长度计算相对比例模式

【例4-13】 绘制图4-25（a），将图4-25（a）修改成图4-25（b），以所示图形的0点为基准，用参照方式缩放成图4-25（c）所示的图形。

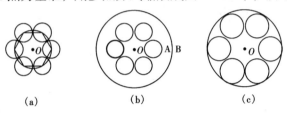

| (a) | (b) | (c) |

图4-25 缩放对象示例

图4-25（a）绘制

绘制圆

绘制内接正六边形；

以交点为圆心，交点到边长中点为半径画圆；

将圆复制到各交点；

结果如图4-25（a）。

图4-25（b）绘制

标注圆心

擦除圆和多边形；

结果如图4-25（b）。

图4-25（c）绘制。

命令：SCALE↙

选择对象：	选图4-25（b）。
选择对象：↙	回车结束选择。
指定基点：	捕捉0点。
指定比例因子或［参照（R）］：R↙	按参照方式缩放对象。
指定参考长度〈1〉：	捕捉0点。
指定第二点：	捕捉A点。
指定新长度：	第一点捕捉0点，第二点捕捉B点。

结果如图4-25（c）所示。

注意：

比例缩放真正改变了图形的大小，和视图显示中的 ZOOM 命令缩放有本质的区别。ZOOM 命令仅仅改变在屏幕上的显示大小，图形本身尺寸无任何大小变化。

4.5.2 对齐

在二维和三维空间中将对象与其他对象对齐。把选定的对象用移动和旋转的命令操作达到与指定位置对齐，并且可以在对齐过程中调整对象缩放比例到对齐点。

1.命令调用

命令：ALIGN

菜单：**修改→三维操作→对齐**

2.命令及提示

命令：ALIGN

选择对象：

指定第一个源点：

指定第一个目标点：

指定第二个源点：

指定第二个目标点：

指定第三个源点或〈继续〉：

是否基于对齐点缩放对象？［是（Y）/否（N）]〈否〉：

3.参数选项及含义

选择对象：　　　　　选择欲对齐的对象。

指定源点：　　　　　指定对齐的源点。

指定目标点：　　　　指定对齐的目标点。

【例 4 – 14】　绘制图形 4 – 26（a），将图 4 – 26（a）五边形 1、3 边与三角形斜边 2、4 对齐。

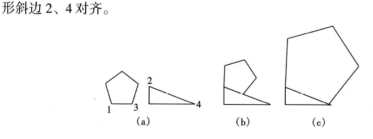

图 4 – 26　对齐示例

命令：ALIGN

选择对象：选择图 4 – 26（a）左边的多边形图形　　　选择需对齐的对象。

指定第一个源点：　　　　　　　　　　　　　　　捕捉 1 点。

指定第一个目标点：捕捉 2 点。

指定第二个源点：　　捕捉 3 点。

指定第二个目标点：捕捉 4 点。

指定第三个源点或〈继续〉：↙

结束源点与目标点的指定。

是否基于对齐点缩放对象［是（Y）/否（N）］〈否〉：↙

图 4 – 26（b）为否，图 4 – 26（c）为是。

注意：

（1）如仅输入第一对源点与目标点，只进行移动对象操作。

（2）如输入两对源点与目标点，则可进行移动、旋转、变化操作。

4.5.3　拉伸

拉伸是调整图形大小、位置的一种十分灵活的工具。

1. 命令的调用

命令：STRETCH（简写：S）

菜单：修改→拉伸

按钮：

2. 命令及提示

命令：STRETCH

以交叉窗口或交叉多边形选择要拉伸的对象…

选择对象：

指定对角点：

选择对象：

指定基点或位移：

指定位移的第一点：

（3）参数选项及含义

（1）选择对象：只能以自右向左的交叉窗口或交叉多边形选择要拉伸的点。

（2）指定基点或位移：定义位移或指定拉伸基点。

（3）指定位移的第二点：如果第一点定义了基点，定义第二点来确定位移。

【例 4 – 15】　　从设计中心拖出浴缸块，如图 4 – 27，将图 4 – 27（a）拉伸成图 4 – 27（b）。

命令：STRETCH↙

以交叉窗口或交叉多边形选择要拉伸的对象…

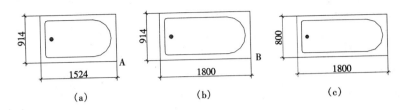

图 4-27 拉伸命令示例

提示选择对象的方式。

选择对象： c 以交叉窗口选择要拉伸的对象。

指定第一个角点：点取交叉窗口的第一个顶点。

指定对角点： 指定交叉窗口的另一个顶点。

找到 5 个

选择对象： ↙回车结束对象选择。

定基点或位移： 选择 A 点

指定位移的第二点或（用第一点作位移）：276 打开正交，输入距离。

也可输入相对坐标@276，0

思考：如将图 4-27（a）拉伸命令示例，绘制成 4-27（c），该如何绘制？

提示：先将块分解，再用比例缩放，再拉伸。

注意：

AutoCAD 可拉伸与选择窗口相交的圆弧、椭圆弧、直线、多段线线段、二维实体、射线、宽线和样条曲线。STRETCH 移动窗口内的端点，而不改变窗口外的端点。STRETCH 还移动窗口内的宽线和二维实体的顶点，而不改变窗口外的宽线和二维实体的顶点。多段线的每一段都被当作简单的直线或圆弧分开处理。STRETCH 并不修改三维实体、多段线宽度、切线或者曲线拟合的信息。见 AutoCAD 拉伸帮助。

AutoCAD 移动在窗口或多边形内的所有对象，类似于使用 MOVE。

4.5.4 拉长

拉长命令可以修改某直线或圆弧的长度或角度。可以指定绝对大小、相对大小、相对百分比大小，甚至可以动态修改其大小。

1. 命令的调用

命令：LENGTHEN（简写：LEN）

菜单：修改→拉长

按钮：

2. 命令及提示

命令：LENGTHEN

选择对象或［增量（DE）/百分数（P）/全部（T）/动态（DY）］：

输入长度增量或［角度（A）］〈当前值〉：

选择要修改的对象或［放弃（U）］：

3. 参数选项及含义

(1) 选择对象： 选择欲拉长的直线或圆弧对象，此时显示该对象的长度或角度。

(2) 增量（DE）： 定义增量大小，正值为增，负值为减。

(3) 百分数（P）： 定义百分数来拉长对象，类似于缩放的比例。

(4) 全部（T）： 定义最后的长度或圆弧的角度。

(5) 动态（DY）： 动态拉长对象。

(6) 输入长度增量或［角度（A）］： 输入长度增量或角度增量。

(7) 选择要修改的对象或［放弃（U）］：点取欲修改的对象，输入 U 则放弃刚完成的操作。

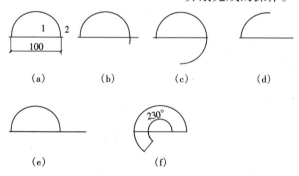

图 4－28 拉长命令示例

命令：LENGTHEN✓

输入增量方式

选择一个对象或［增量（DE）/百分数（P）/全部（T）/动态（DY）］：

DE✓ 设置成增量方式。

(1) 长度增量模式

输入长度增量或［角度（A）］〈100〉：20✓ 输入长度增量。

选择要修改的对象或［放弃（U）］： 点取直线修改端1。

选择要修改的对象或［放弃（U）］： 点取圆弧修改端2。

选择要修改的对象或［放弃（U）］：✓ 结束命令。

结果如图 4-28（b）所示。

（2）角度增量模式

输入长度增量或［角度（A）］〈100〉A：✓　　输入选项 A。

输入角度增量〈90〉：90✓　　　　　　　　　　输入角度增量 90。

选择要修改的对象或［放弃（U）］：　　　　　点取圆弧修改端 2。

选择要修改的对象或［放弃（U）］：✓　　　　结束命令。

结果如图 4-28（b）所示。

输入百分比调整方式

选择一个对象或［增量（DE）/百分数（P）/全部（T）/动态（DY）］：P

　　　　　　　　　　　　　　　　　　　　　　输入选项 P。

输入百分比长度〈100〉：50✓　　　　　　　　输入百分比值。

选择要修改的对象或［放弃（U）］：　　　　　点取圆弧修改端 2。

选择要修改的对象或［放弃（U）］：✓　　　　结束命令。

结果如图 4-28（c）所示。

输入总长度调整长度

选择一个对象或［增量（DE）/百分数（P）/全部（T）/动态（DY）］：T

　　　　　　　　　　　　　　　　　　　　　　输入选项 T。

（3）总长度模式

指定总长度或〈角度 A〉：130✓　　　　　　　输入总长度值。

选择要修改的对象或［放弃（U）］：　　　　　点取直线修改端 1。

选择要修改的对象或［放弃（U）］：✓　　　　结束命令。

结果如图 4-28（d）所示。

（4）总角度模式

指定总长度或〈角度 A〉：A✓　　　　　　　　输入总长度值。

输入总角度〈90〉：230　　　　　　　　　　　输入总角度 230。

选择要修改的对象或［放弃（U）］：　　　　　点取圆弧修改端 2。

选择要修改的对象或［放弃（U）］：✓　　　　结束命令。

结果如图 4-28（e）所示。

动态控制长度（多段线对象不可用）

选择一个对象或［增量（DE）/百分数（P）/全部（T）/动态（DY）］：

DY✓　　　　　　　　　　　　　　　　　　　设置成增量方式。

选择要修改的对象或［放弃（U）］：　　　　　点取直线修改端 1。

指定新的端点：　　　　　　　　　　　　　　选取新的端点。

选择要修改的对象或［放弃（U）］：✓　　　　结束命令。

结果如图 4-28（f）所示。

注意：

（1）点取直线或圆弧时的拾取点直接控制了拉长或截短的方向，修改发生在拾取点的一侧。

（2）拉长功能不能拉长封闭对象。

4.6 图形修改类对象

4.6.1 修剪

绘图中经常需要修剪图形，将超出的部分去掉，以便使图形精确相交。修剪命令是以指定的对象为边界剪去超出部分。

1. 命令的调用

命令：TRIM（简写：TR）

菜单：修改→修剪

按钮：

2. 命令及提示

命令：TRIM

当前设置：投影 = UCS　边 = 无

选择剪切边…

选择对象：

选择对象：✓

选择要修剪的对象或［投影（P）/边（E）/放弃（U）］：E✓

输入隐含边延伸模式［延伸（E）/不延伸（N）］〈不延伸〉：

3. 参数选项及含义

（1）选择剪切边…选择对象：提示选择对象作为剪切边界。

（2）选择要修剪的对象：选择欲修剪的对象。

（3）投影（P）：在三维对象（非 *XY* 平面对象）修剪时，指定边界对象的投影方式。在 *XY* 平面对象修剪时可不设定此选项。

（4）放弃（U）：放弃最后一次修剪操作。

（5）边（E）：确定对象是修剪到边界的延长交点还是只修剪到边界的实际交点。

1）延伸（E）：指定对象修剪到边界的延长交点。

2）不延伸（N）：指定对象修剪到边界的实际交点。

逐一修剪对象

【例 4 - 16】　将图 4 - 29（a）修剪为图 4 - 29（b）。

命令：TRIM✓

当前设置：投影 = UCS　边 = 无

选择修剪边缘……

选择对象：选择要修剪对象的边缘1、2如图4－29（a）。

选择对象：↙回车结束边缘对象选择。

选择要修剪的对象或［投影（P）/边（E）/放弃（U）］：选择要修剪的对象3。

选择要修剪的对象或［投影（P）/边（E）/放弃（U）］：选择要修剪的对象4。

选择要修剪的对象或［投影（P）/边（E）/放弃（U）］：选择要修剪的对象5。

选择要修剪的对象或［投影（P）/边（E）/放弃（U）］：选择要修剪的对象6。

选择要修剪的对象或［投影（P）/边（E）/放弃（U）］：↙回车结束修剪对象选择。

结果如图4－29（b）。

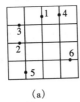
(a)

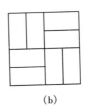
(b)

图4－29 剪切命令示例

4.6.2 延伸

延伸是以指定的对象为边界，延伸某对象与之精确相交。

1. 命令的调用

命令：EXTEND（简写：EX）

菜单：修改→延伸

按钮：

2. 命令及提示

命令：EXTEND

当前设置：投影＝无 边＝无

选择边界的边…选择对象：

选择要延伸的对象或［投影（P）/边（E）/放弃（U）］：E↙

输入隐含边延伸模式［延伸（E）/不延伸（N）］〈不延伸〉：

3. 参数选项及含义

（1）选择边界的边…选择对象：提示选择作为延伸边界的对象。

（2）选择要延伸的对象：选择欲延伸的对象。

（3）投影（P）：在三维对象（非 *XY* 平面对象）延伸时，指定边界对象的投影方式。在 *XY* 平面对象延伸时可不设定此选项。

（4）放弃（U）：放弃最后一次延伸操作。

（5）边（E）：确定对象是延伸到边界的延长交点还是只延伸到边界的实际交点。

1）延伸（E）：指定对象延伸到边界的延长交点。

2）不延伸（N）：指定对象延伸到边界的实际交点。

【例 4 – 17】　将图 4 – 30（a）所示的 2、3、4 直线延伸到圆弧 1 上。

命令：EXTEND↙

逐一延伸对象。

当前设置：投影 = 无　边 = 无　提示当前设置。

选择边界的边……　　　　　　　提示以下选择延伸边界。

选择对象：　　　　　　　　　　选择边界对象 1，如图 4 – 30（a）。

选择对象：↙　　　　　　　　　回车结束边界选择。

选择要延伸的对象，或按［shift］键并选择对象以修剪，或［投影（P）/边（E）/放弃（U）］：　　　　选择延伸端 2，如图 4 – 30（b）。

选择要延伸的对象，或按［shift］键并选择对象以修剪，或［投影（P）/边（E）/放弃（U）］：　　　　选择延伸端 3，如图 4 – 30（b）。

选择要延伸的对象，或按［shift］键并选择对象以修剪，或［投影（P）/边（E）/放弃（U）］：　　　　选择延伸端 4，如图 4 – 30（b）。

选择要延伸的对象，或按［shift］键并选择对象以修剪，或［投影（P）/边（E）/放弃（U）］：↙　　　回车结束选择。

结果如图 4 – 30（c）。

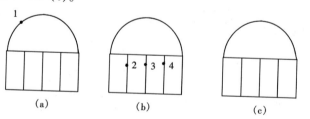

图 4 – 30　延伸对象，逐一延伸

延伸裁切模式设置。

【例 4 – 18】　将图 4 – 31（a）所示的图形，延伸裁切成图形 4 – 31（b）。

命令：EXTEND↙

当前设置：投影 = 无　边 = 无　提示当前设置。

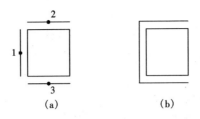

图 4 – 31 延伸对象，延伸
裁切模式设置

选择边界的边……提示以下选择延伸边界。

选择对象：选择延伸对象 1、2、3，如图 4 – 31（a）。

选择对象：↙回车结束选择。

选择要延伸的对象，或按 [shift] 键并选择对象以修剪，或 [投影（P）/边（E）/放弃（U）]：输入选项 E。

输入隐含的边延伸模式 [延伸（E）/不延伸（N）]〈不延伸〉：输入选项 E。

选择要延伸的对象，或按 [shift] 键并选择对象以修剪，或 [投影（P）/边（E）/放弃（U）]：选择 1 上延伸端。

选择要延伸的对象，或按 [shift] 键并选择对象以修剪，或 [投影（P）/边（E）/放弃（U）]：选择 1 下延伸端。

选择要延伸的对象，或按 [shift] 键并选择对象以修剪，或 [投影（P）/边（E）/放弃（U）]：选择 2 左延伸端。

选择要延伸的对象，或按 [shift] 键并选择对象以修剪，或 [投影（P）/边（E）/放弃（U）]：选择 3 左延伸端。

选择要延伸的对象，或按 [shift] 键并选择对象以修剪，或 [投影（P）/边（E）/放弃（U）]：↙回车结束选择。

结果如图 4 – 31（b）。

裁切与延伸同步进行。

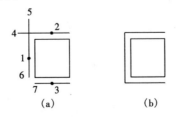

图 4 – 32 延伸对象，
裁切与延伸同步进行

【例 4 – 19】 将图 4 – 32（a）所示的图形，裁切延伸成图形 4 – 32（b）。

命令：EXTEND↙

当前设置：投影＝无　边＝无　提示当前设置。

选择边界的边……

选择对象：选择对象 1、2、3

选择对象：↙回车结束选择。

选择要延伸的对象，或按［shift］键并选择对象以修剪，或［投影（P）／边（E）／放弃（U）］：按［shift］键，选择延伸端 4、5。

选择要延伸的对象，或按［shift］键并选择对象以修剪，或［投影（P）／边（E）／放弃（U）］：输入选项 E。

输入隐含的边延伸模式［延伸（E）／不延伸（N）］〈不延伸〉：输入选项 E。

选择要延伸的对象，或按［shift］键并选择对象以修剪，或［投影（P）／边（E）／放弃（U）］：选择延伸端 6。

选择要延伸的对象，或按［shift］键并选择对象以修剪，或［投影（P）／边（E）／放弃（U）］：选择延伸端 7。

选择要延伸的对象，或按［shift］键并选择对象以修剪，或［投影（P）／边（E）／放弃（U）］：↙回车结束选择。

结果如图 4 - 32（b）。

4.6.3　线的打断

1. 功能

打断命令可以将某对象一分为二或去掉其中一段减少其长度。圆可以被打断成圆弧。

2. 命令的调用

命令：BREAK（简写：BR）

菜单：修改→打断

按钮：🔲

3. 命令及提示

命令：BREAK

选择对象：

指定第二个打断点或［第一点（F）］：

4. 参数含义及选项

（1）选择对象：选择欲打断的对象。如果在后面的提示中不输入 F 来重新定义第一点，则拾取该对象的点为第一点。

（2）指定第二个打断点：拾取打断的第二点。如果输入＠指第二点和第一点相同，即将选择对象分成两段。

（3）第一点：重新定义打断的第一点。

【例4－20】　将图4－33（a）的1、2处打断。

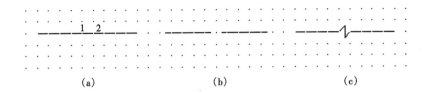

(a)　　　　　　　　　(b)　　　　　　　　　(c)

图4－33　打断命令示例

命令：BREAK✓

选择对象：选取直线

指定第二个打断点或［第一点（F）］：F✓

指定第一个打断点：捕捉1点，打开栅格、捕捉。

指定第二个打断点：捕捉2点，打开栅格、捕捉。

结果如图4－33（b）所示。

将栅格设为10、捕捉设为5，用直线命令绘制折断线，结果如图4－33（c）所示。

如打断对象为圆上的两点，如图4－34（a），如果指定A为第一点，B点为第二点，结果如图4－34（b）所示。如果指定B为第一点，A点为第二点，结果如图4－34（c）所示。

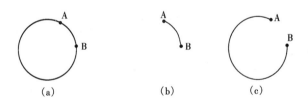

(a)　　　　　　　　　(b)　　　　　　　　　(c)

图4－34　打断圆弧命令示例

4.6.4　倒角

使用CHAMFER是在两条非平行线之间创建直线的快捷方法。它通常用于表示角点上的倒角边。CHAMFER还可用于为多段线所有角点加倒角。可以为直线、多段线、参照线和射线加倒角。利用距离法可以指定每一条直线应该被修剪或延伸的总量。

1.命令的调用

命令：CHAMFER（简写：CHA）

菜单：修改→倒角

按钮：

2. 命令及提示

命令：CHAMFER

（"修剪"模式）当前倒角距离 1 = 10.0000，距离 2 = 10.0000

选择第一条直线或［多段线（P）/距离（D）/角度（A）/修剪（T）/方法（M）]：

选择第二条直线：

3. 参数选项及含义

（1）选择第一条直线：选择倒角的第一条直线。

（2）选择第二条直线：选择倒角的第二条直线。

（3）多段线（P）：对多段线每个顶点处的相交直线段作倒角处理。

（4）距离（D）：设置选定边的倒角距离，两个倒角距离可以相等也可以不等，如图 4 - 35 所示。如果将两个距离都设置为零，两条线将相交于一点。

（5）角度（A）：通过第一条线的倒角距离和第一条线的倒角角度来形成倒角。

（6）修剪（T）：设定修剪模式。控制是否将选定边修剪到倒角线端点。

1）修剪（T）：选择修剪方式，则倒角时自动将不足的补齐，超出的剪掉。

2）不修剪（N）：如果为不修剪方式，则仅仅增加一倒角，原有边线不变。

设置新倒角距离值。

【例 4 - 21】 将图 4 - 35（a）倒角成图 4 - 35（b）。

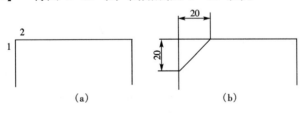

（a）　　　　　　　　　　（b）

图 4 - 35 倒角命令示例

命令：CHAMFER

（"修剪"模式）当前倒角距离 1 = 10.0000，距离 2 = 10.0000

提示当前倒角设定。

选择第一条直线或［多段线（P）/距离（D）/角度（A）/修剪（T）/方法（M）]：D　　　　　　　　　　　　　　　　　　输入选项 D。

指定第一个倒角距离 < 10.0000 > : 20　　　　　　　　　　　输入距离 1。

指定第二个倒角距离 < 10.0000 > : 20　　　　　　　　　　　输入距离 2。

选择第一条直线或〔多段线（P）/距离（D）/角度（A）/修剪（T）/方法（M）〕：选取直线 1。

选择第二条直线：选取直线 2。

结果如图 4 - 35（b）。

多段线倒角。

【例 4 - 22】 将图 4 - 36（a）多段线倒角成图 4 - 36（b）。

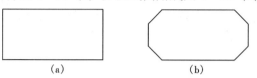

(a)   (b)

图 4 - 36　倒角命令示例

命令：CHAMFER

重新运行倒角命令（"修剪"模式）当前倒角距离 1 = 10.0000，距离 2 = 10.0000　　　　　　　　　　　　　　提示当前倒角设定。

选择第一条直线或〔多段线（P）/距离（D）/角度（A）/修剪（T）/方法（M）〕：P　对多段进行倒角　　　　　　　　　　输入选项 P。

选择二维多段线：选取矩形。

4 条直线已被倒角，结果如图 4 - 36（b）所示。

角度与距离的倒角模式。

【例 4 - 23】 将图 4 - 37（a）倒角成图 4 - 37（b）和图 4 - 37（c）。

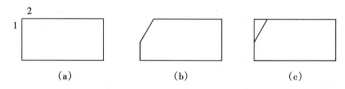

(a)   (b)   (c)

图 4 - 37　倒角命令示例

命令：CHAMFER

重新运行倒角命令（"修剪"模式）当前倒角距离 1 = 10.0000，距离 2 = 10.0000　　　　　　　　　　　　　　提示当前倒角设定。

选择第一条直线或〔多段线（P）/距离（D）/角度（A）/修剪（T）/方法（M）〕：A　　　　　　　　　　　　设定以角度方式形成倒角。

选择第一条直线的倒角长度 < 10.0000 >：20　　　　输入长度 20。

选择第一条直线的倒角角度 < 0 >：30　　　　　　输入角度 30。

选择第一条直线或〔多段线（P）/距离（D）/角度（A）/修剪（T）/方

法（M）]：   选取直线1。

选择第二条直线：   选取直线2。

结果如图4-37（b）。

如在选择第一条直线或［多段线（P）/距离（D）/角度（A）/修剪（T）/方法（M）]：输入选项T。

输入修剪模式选项［修剪（T）/不修剪（N）]〈修剪〉：输入选项N。

选择第一条直线或［多段线（P）/距离（D）/角度（A）/修剪（T）/方法（M）]：   选取直线1。

请选择2D多段线：   选取直线2。

结果如图4-37（c）。

注意：

（1）倒角距离是每个对象与倒角线相接或与其他对象相交而进行修剪或延伸的长度。如果两个倒角距离都为零，则倒角操作将修剪或延伸这两个对象直至它们相交，但不创建倒角线。不论这两条不平行直线是否相交或需要延伸才能相交。如图4-38可将（a）、（b）、（c）通过倒角都为零的操作将修剪或延伸这两个对象直至它们相交，结果如图4-38（d）。

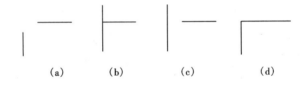

(a)   (b)   (c)   (d)

图4-38 倒角距离都为零示例

（2）对多段线进行倒角时，如果该多段线最后一条线不是闭合的，则最后一条线和第一条线之间不会形成倒角。

（3）选择直线时的拾取点对修剪的位置有影响，一般保留拾取点的线段，而超过倒角的线段自动被修剪。

（4）如果倒角的距离大于短边较远的顶点到交点的距离，则会出现"距离太大"的错误提示，而无法形成倒角。

（5）如果正在被倒角的两个对象都在同一图层，则倒角线将位于该图层。否则，倒角线将位于当前图层。此图层影响对象的特性（包括颜色和线型）。

4.6.5 圆角

圆角和倒角一样，可以直接通过圆角命令产生。

1.命令的调用

命令：FILLET（简写：F）

菜单：修改→圆角

按钮：┌

2. 命令及提示

命令：FILLET

当前模式：模式=修剪，半径=10.0000

选择第一个对象或［多段线（P）/半径（R）/修剪（T）］：

选择第二个对象：

3. 参数选项及含义

(1) 选择第一个对象：　　　选择圆角的第一个对象。

(2) 选择第二个对象：　　　选择圆角的第二个对象。

(3) 多段线（P）：　　　　在多段线每个顶点处插入圆角弧。

(4) 半径（R）：　　　　　设定圆角半径。

(5) 修剪（T）：　　　　　设定修剪模式。控制是否修剪选定的边使其延
　　　　　　　　　　　　伸到圆角端点。

一般对象倒圆角

【例4-24】　将图4-39（a）圆角成图4-39（b）。

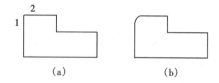

（a）　　　　　　　　　（b）

图4-39　圆角命令示例

命令：FILLET↙

当前模式：模式=修剪，半径=10.0000　提示圆角设定的当前状态。

选择第一个对象或［多段线（P）/半径（R）/修剪（T）］：R↙　重新设
定圆角半径。

指定圆角半径〈10.0000〉：20↙

选择第一个对象或［多段线（P）/半径（R）/修剪（T）］：选取线段1。

选择第二个对象：选取线段2。

结果如图4-39（b）。

多段线倒圆角。

【例4-25】　将图4-40（a）圆角成图4-40（b）。

命令：FILLET↙

当前模式：模式=修剪，半径=10.0000　提示圆角设定的当前状态。

选择第一个对象或［多段线（P）/半径（R）/修剪（T）］：P↙

输入选项P。

107

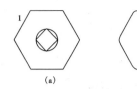

图 4 - 40　多段线倒圆角

请选择二维多段线：选择对象 1。

结果如图 4 - 40 （b）。

修剪（不修剪）对象交角

【例 4 - 26】　将图 4 - 41 （a）交角修剪成图 4 - 41 （b）、图 4 - 41 （c）。

图 4 - 41　修剪（不修剪）倒圆角

命令：FILLET↙

当前模式：模式 = 修剪，半径 = 10.0000　提示圆角设定的当前状态。

选择第一个对象或［多段线（P）/半径（R）/修剪（T）］：R↙　重新设定圆角半径。

指定圆角半径〈10.0000〉：20↙

选择第一个对象或［多段线（P）/半径（R）/修剪（T）］：选取线段 1。

选择第二个对象：选取线段 2。

结果如图 4 - 41 （b）。

选择第一个对象或［多段线（P）/半径（R）/修剪（T）］：T　输入修剪选项。

输入修剪模式选项［修剪（T）/不修剪（N）］〈修剪〉：输入选项 N。

选择第一个对象或［多段线（P）/半径（R）/修剪（T）］：选取线段 1。

选择第二个对象：选取线段 2。

结果如图 4 - 41 （c）。

注意：

（1）如果将圆角半径设定成 0，则在修剪模式下，不论不平行的两条直线情况如何，都将会自动准确相交。

（2）对多段线圆角，如果该多段线最后一段和开始点仅仅相连而不闭合，则该多段线第一个顶点不会被圆角。

（3）如果是修剪模式，则拾取点的位置对结果有影响，一般会保留拾取点所在的部分而将另一段修剪。

（4）平行线之间的圆角，并不受半径设定的影响。

（5）不仅在直线间可以圆角，在圆、圆弧以及直线之间也可以圆角。

4.7 其他图形编辑对象

4.7.1 对象的分解

多段线、多线、块、尺寸、填充图案等是一个整体。如果要对其中单一的对象进行编辑，普通的编辑命令无法完成，通过专用的编辑命令有时也难以满足要求。但如果将这些整体的对象分解，使之变成单独的对象，就可以采用普通的编辑命令进行编辑修改了。

1. 命令的调用

命令：EXPLODE（简写：X）

菜单：修改→分解

按钮：

2. 命令及提示

命令：EXPLODE

选择对象：

3. 参数选项及含义

（1）选择对象：选择欲分解的对象，包括块、尺寸、多线、多段线等，而独立的直线、圆、圆弧、文字、点等是不能被分解的。

分解尺寸（DIMENSION）对象

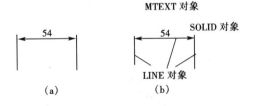

(a)   (b)

图 4 – 42　分解尺寸

【例 4 – 27】　将图 4 – 42（a）尺寸线分解。

命令：EXPLODE↙

选择对象：选择尺寸线。

找到 1 个　　　　　　　　　　　　　　　　提示选中的数目。

选择对象：↙　　　　　　　　　　　　　　回车结束对象选择。

结果如图 4 – 42 (b)，尺寸整体被分解成 LINE 对象、SOLID 对象、MTEXT 对象。

分解多段线（POLYLINE）

【例 4 – 28】 将图 4 – 43 (a) 多段线分解。

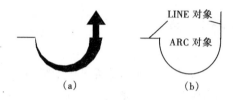

图 4 – 43 分解多段线

命令：EXPLODE↙

选择对象： 选择多段线。

找到 1 个 提示选中的数目。

选择对象：↙ 回车结束对象选择。

结果如图 4 – 43 (b)，多段线分解成直线和圆弧。

【例 4 – 29】 将图 4 – 44 (a) 多线（MLINE）分解，并修剪成图 4 – 44 (c)。

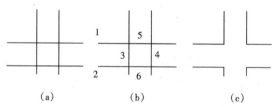

图 4 – 44 多线（MLINE）分解示例

命令：EXPLODE↙

选择对象： 选择多线。

找到 1 个 提示选中的数目。

找到 1 个 总计 2 个

选择对象： ↙ 回车结束对象选择。

结果如图 4 – 44 (b)，两条多线被分解成四直线段。

命令：TRIM↙

当前设置：投影 = UCS，边 = 无

选择修剪边缘……

选择对象：选择要修剪对象的边缘 1、2 如图 4 – 44 (b)。

选择对象：↙回车结束边缘对象选择。

选择要修剪的对象或［投影（P）/边（E）/放弃（U）］：选择要修剪的对象3、4。

重新选择修剪边缘同理可修剪5、6。

结果如图4-44（c）所示。

注意：

如果要对多线、块、尺寸标注、多段线等进行特殊的编辑，必须预先将它们分解才能使用普通的编辑命令进行编辑，否则只能用专用的编辑命令进行编辑。

4.7.2　多段线编辑

多段线是一种复合对象，可以采用多段线专用编辑命令来编辑。编辑多段线，可以修改其宽度、开口或封闭、增减顶点数、样条化、直线化和拉直等。

1. 命令的调用

命令：PEDIT（简写：PE）

菜单：修改→多段线

按钮："修改Ⅱ"工具栏 ∠

2. 命令及提示

命令：PEDIT

选择多段线：

输入选项

［打开（O）/合并（J）/宽度（W）/编辑顶点（E）/拟合（F）/样条曲线（S）/非曲线化（D）/线型生成（L）/放弃（U）］：

3. 常用参数选项及用法

(1) 选择多段线：选择欲编辑的多段线。如果选择了非多段线，该线条可以转换成多段线。

(2) 闭合（C）：自动连接多段线的起点和终点，创建闭合的多段线。如图4-45。如果该多段线本身是闭合的，则提示为"打开（O）"。如果选择"打开"，则将多段线的起点和终点间的线条删除，形成不封口的多段线。如图4-46。

(3) 合并（J）：将与多段线端点精确相连的其他直线、圆弧、多段线合并成一条多段线。图4-47（a）。

(4) 宽度（W）：设置该多段线的全程宽度对于其中某一条线段的宽度，可以通过顶点编辑来修改图4-47（b）。

(5) 编辑顶点（E）：进入"编辑顶点"模式。对多段线的各个顶点进行

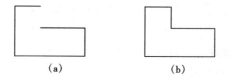

(a)   (b)

图 4 – 45　多段线闭合（C）编辑示例

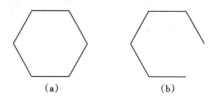

(a)   (b)

图 4 – 46　多段线打开（O）编辑示例

(a)   (b)

图 4 – 47　多段线合并（J）、宽度（W）编辑示例

单独的编辑。

(6) 拟合（F）：创建一条平滑曲线，它由连接各相邻顶点的弧线段组成。
如图 4 – 48（a）为原图，图 4 – 48（b）为编辑后的图形。

(a)   (b)

图 4 – 48　多段线拟合（F）编辑示例

(7) 样条曲线（S）：产生通过多段线首末顶点，其行状和走向由多段线其余顶点控制的样条曲线。

(8) 非曲线化（D）：取消拟合或样条曲线，回到直线状态。

(9) 放弃（U）：　放弃操作，可一直返回到多段线编辑的开始状态。

4.7.3　多线编辑

多线绘制完成后，其形状往往不能完全满足需要，但多线是一个整体，用普通编辑命令是不能对它进行修改的，这就需要使用专门的多线编辑命令了。该命令可以控制多线间的相交形式，增加、删除多线的顶点，控制多线的打断或结合。

1. 命令的调用

命令：MLEDIT

菜单：修改→多线

按钮："修改Ⅱ"工具栏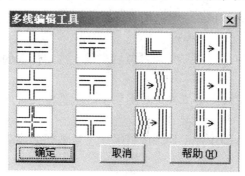

2. 命令及提示

执行多线编辑命令后弹出"多线编辑工具"对话框，如图4-49所示。

图4-49 "多线编辑工具"对话框

选取相应工具后按确定按钮，命令行上出现以下提示：

命令：__ mledit

选择第一条多线：

选择第二条多线：

选择第一条多线或［放弃（U）］：

3. 参数选项及用法

（1）选择第一条多线：选择欲修改的第一条多线，在连接效果上对应图4-49图标中的竖直多线。

（2）选择第二条多线：选择欲修改的第二条多线，在连接效果上对应图4-49图标中的水平多线。

（3）放弃（U）：取消对多线的最后一次修改。

3. "多线编辑工具"对话框参数含义

1）"十字"连接工具：包括三种连接，如图4-50（a）。

使用"十字"连接工具需要两多线相交，选择了相应的工具按确定按钮后，即可在绘图区对相交的多线进行连接编辑。

2）"T型"连接工具：包括三种连接，如图4-50（b）。

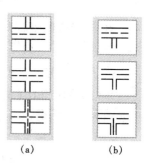

（a）　（b）

图4-50 "十字"
连接工具

选择了相应的工具按确定按钮后，即可在绘图区对相交的多线进行连接编辑。

3) ⌐ ：角点结合工具，可以将两条不平行的多线形成角连接。

4) ‖→》 ：添加顶点工具，可向多线上添加一个顶点。

5) 》→‖ ：删除顶点工具，可向多线上删除一个顶点。

6) ‖→‖ ：单个剪切工具，可剪切多线上选定位置的单条平行线。

7) ‖→‖ ：全部剪切工具，可剪切多线上选定位置的所有平行线。

8) ‖→‖ ：全部接合工具，可将多线已被剪切的部分重新接合起来。

注意：

如果多线编辑工具不能满足需要，可用 EXPLODE 命令对多线进行分解后再用一般编辑命令进行修改。

4.7.4 图案编辑

首先，对于已有的填充图案，可以通过 HATCHEDIT 命令编辑其图案类型和图案参数特性，但不可修改填充边界的定义；其次，还可以通过特性编辑工具 ，在伴随窗口中对图案特性进行编辑；第三，也可以使用特性匹配工具 ，把图案源对象的特性复制到各目标图案上。

命令：HATCHEDIT

菜单：修改→图案填充

按钮："MODIFY Ⅱ"工具栏中的

执行 HATCHEDIT 命令后，会要求选择编辑的填充图案，随即弹出"图案填充编辑"对话框，如图 4-51 所示。

其中同样包含了"快速"和"高级"两个选项卡，这与"边界图案填充"对话框基本相同，只是其中有一些选项按钮被禁止，其他项目均可以更改设置，结果反映在选择的填充图案上。

对关联和不关联图案的编辑，在此有一些特别说明：

（1）任意一个图形编辑命令修改填充边界后，如其边界继续保持封闭，则图案填充区域自动更新并保持关联性。如边界不能保持封闭，则将丧失关联性。

（2）填充图案位于锁定或冻结图层时，修改填充边界，则关联性丧失。

（3）EXPLODE命令分解一个关联图案填充时，丧失关联性，并把填充图案分解为分离的线段。

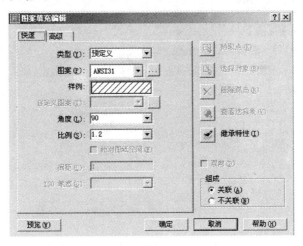

图 4 – 51   "图案填充编辑"对话框

4.8   用夹点编辑进行快速编辑

4.8.1   对象夹点

对象夹点是指：在不启动 AutoCAD 命令时被选取的对象上出现的蓝色小方框。通过使用夹点，可以对图形进行一系列的编辑操作，包括：拉伸、移动、旋转、变比、镜像五种。夹点常出现在被选对象的一些特征点上，常见对象的夹点如图 4 – 52 所示。

4.8.2   夹点的设置

在"选项"对话框的"选择"选项卡中，可以控制夹点功能的启用、夹点框颜色与大小等参数。

图 4 – 52   夹点示例

1. 命令的调用

命令：DDGRIPS

菜单：工具→选项

命令启动后，显示"选项"对话框，如图 4 – 53 所示。

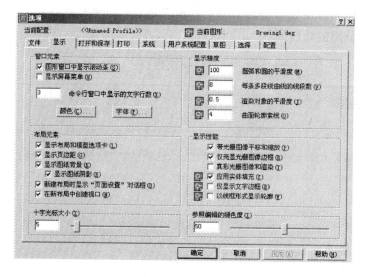

图 4-53 选项对话框中的夹点设置

2. 参数选项及含义

（1）启用夹点：是否启用夹点功能。

（2）在块中应用夹点：是否显示块内图元的夹点。系统缺省设置为关闭，此时对插入块，其插入基点为夹点，不显示块内图元的夹点。

（3）夹点颜色：设置夹点颜色。系统缺省设置下，选中的夹点填充红色，称为热点，未选中的夹点框为蓝色。

（4）夹点大小：控制夹点框的大小。

4.8.3 夹点编辑操作

夹点编辑操作过程如下：

1. 选取对象后，显示对象夹点。

2. 在一个对象上拾取一个夹点，则此点变为热点，此时可以执行拉伸操作。如选择输入以下参数的头两个字母（或在右键调出的快捷键菜单上选取相应命令），即可进入相应的编辑状态：

（1）Mirror：镜像编辑模式。

（2）Move：移动编辑模式。

（3）Scale：变比编辑模式。

（4）Rotat：旋转编辑模式。

（5）Stretch：拉伸编辑模式，此项为缺省模式。

3. 在命令行上出现相应的提示与选项，如：

＊＊比例缩放＊＊

指定比例因子或〔基点（B）/复制（C）/放弃（U）/参照（R）/退出

（X）]：

此时，可以使用这些选项，其中包括：

（1）基点（B）：忽略热点并重新选择基点。

（2）复制（C）：复制夹点编辑的对象。

（3）放弃（U）：取消上一步夹点编辑操作。

（4）参照（R）：以参照的方式进行编辑。

（5）退出（X）：退出夹点编辑。

注意：

（1）要生成多个热点，可在拾取夹点的同时按住〈Shift〉键，选择完成后再放开〈Shift〉键，拾取其中一个热点来进行夹点编辑模式。

（2）在夹点编辑的众多功能中，以拉伸功能最为方便，也最为常用。

【例4-30】　用 PLINE 命令绘制图4-54（a），利用拉伸模式来编辑多段线，将图4-54（a）修改成图4-54（c）。

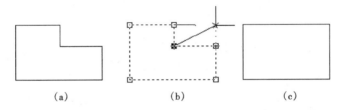

（a）　　　　　　（b）　　　　　　（c）

图4-54　夹点拉伸示例

操作步骤如下：

（1）拾取多段线，出现夹点。

（2）选取 A 点的夹点，用对象捕捉追踪功能捕捉两边线的交点，如图4-54（b）所示。

（3）拾取交点，拉伸成图4-54（c）所示。

思　考　题

1. 选择对象有哪些方法？缺省窗口方式选择对象时，从左拉出的选择窗与从右拉出的有何不同？

2. 将一条直线由200变成300有几种不同的方式？由300改成200有哪些方法？

3. 哪些命令可以复制对象？

4. 简要说明下列各组命令的相同之处和不同之处：

镜像命令（MIRROR）和拷贝命令（COPY）

拉伸命令（STRETCH）和延伸命令（EXTEND）

圆角命令（FILLET）和倒角命令（CHAMFER）

截断命令（BREAK）和剪切命令（TRIM）

上 机 实 训 题

1.绘制图中门的立面，要求应用复制、偏移复制、镜像、移动、修剪、拉伸、倒角等命令。

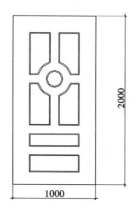

2.用"重复（M）选项，绘制楼梯栏杆。

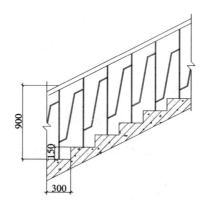

3.运用偏移、阵列、修剪等命令绘制图示防盗网。

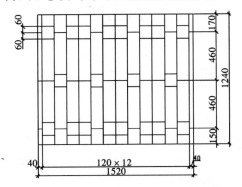

4.按图形尺寸精确绘图，绘图方法、图形编辑方法不限，线宽为 0。

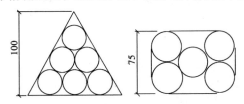

提示：先绘制相切的圆，再绘制三角形，再用比例缩放精确绘图。

第5章 文　　字

在用 AutoCAD 绘制工程图纸时，常常需要加入一些文字说明。图中的文字表达了重要的信息。如设计说明、技术要求、标题栏、明细表等。

AutoCAD 提供了多种创建文字的方法，对简短的文字输入使用单行文字，对带有内部格式的较长的文字输入使用多行文字。文字输入时使用当前文字样式控制其外观，也可用其他方法来修改文字外观。本章着重学习以下几方面内容：

1. 文字标注的一般要求
2. 创建和编辑文字样式
3. 添加文字
4. 编辑文字

5.1 文字标注的一般要求

5.1.1 字体要求

清晰易识，宜选用长仿宋体，字体种类应在够用的基础上尽量减少，并保持统一。常用的英文字体有 simplex.shx，中文字体有 gbCbig.shx、仿宋体、黑体等。

5.1.2 分布要求

文字方向通常平行于图纸底边或右侧边缘，并且尽可能不与图形内容重叠。文字应互相对齐，增强可读性，文字图层应与图形分开。

5.1.3 字高与比例

图纸的文字高度应从下列系列选取（2.5mm、3.5mm、5mm、7mm、10mm、14mm、20mm），考虑到打印出图时的比例因子，在模型空间绘制文字时应把希望得到的字高除以出图比例来定制字高。例如：在比例为 1:200 的图中，欲得到 5mm 的字高，绘制时的字高应为 5 ÷（1:200）＝1000。

5.2 创建和编辑文字样式

文字样式用于设置文字的字体、字号、角度、方向和其他特性。在 Auto-CAD 中，除缺省的 STANDARD 文字样式外，常常需要创建自定义的文字样式。在创建新的文字样式时，可以指定样式名，新的文字样式自动继承系统文字样式的特性，但可以修改文字名并重新设置字体的特性，并可以随时预览新定义的文字样式。在书写文字前，首先应该创建文字样式。

5.2.1 创建文字样式

1. 命令调用方式

命令行：STYLE

下拉菜单：格式→文字样式

执行命令后，自动弹出如图 5 - 1 所示的"文字样式"对话框，对话框中显示的为当前文字样式的特性。

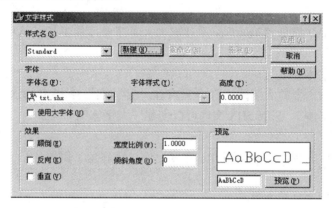

图 5 - 1 "文字样式"对话框

2. 主要参数含义

样式名区

显示文字样式名、添加新样式以及重命名和删除现有样式。列表中包括已定义的样式名并默认显示当前样式。要改变当前样式，可以从列表中选择另一个样式，或者选择"新建"来创建新样式。样式名称可长达 255 个字符，包括字母、数字以及特殊字符。例如，美元符号（＄）、下划线（_）和连字符（－）。

新建（N）：显示"新建文字样式"对话框并为当前设置自动提供"样式 n"名称（此处 n 为所提供的样式的编号）。可以采用默认值或在该框中输入名称，然后选择"确定"使新样式名使用当前样式设置。

重命名：显示"重命名文字样式"对话框。"Standard"样式不可重命名。

删除：删除文字样式。从列表中选择一个样式名将其置为当前，然后选择"删除"。

字体区

字体名：列出所有注册的 TrueType 字体和 AutoCAD "Fonts" 文件夹中 AutoCAD 编译的形（SHX）字体的字体族名。从列表中选择名称后，AutoCAD 将读出指定字体的文件。除非文件已经由另一个字体样式使用，否则将自动加载文件的字符定义。可以定义使用同样字体的多个样式。

字体样式：指定字体格式，比如斜体、粗体或者常规字体。选定"使用大字体"后，该选项变为"大字体"，用于选择大字体文件。

高度：根据输入的值设置文字高度。如果输入 0.0，每次用该样式输入文字时，AutoCAD 都将提示输入文字高度。输入大于 0.0 的高度则设置该样式的文字高度。在相同的高度设置下，TrueType 字体显示的高度要小于 SHX 字体。

注意：

在 AutoCAD 提供的 TrueType 字体中，大写字母可能不能正确反映指定的文字高度。

使用大字体

指定亚洲语言的大字体文件。只有在"字体名"中指定 SHX 文件，才可以使用"大字体"。只有 SHX 文件可以创建"大字体"。

效果区

修改字体的特性，例如高度、宽度比例、倾斜角、倒置显示、反向或垂直对齐。

颠倒：倒置显示字符。

反向：反向显示字符。

垂直：显示垂直对齐的字符。只有当选定的字体支持双向显示时，才可以使用"垂直"。TrueType 字体的垂直定位不可用。

宽度比例：设置文字宽度比例。设置比例输入小于 1.0 的值将压缩文字。输入大于 1.0 的值则扩大文字。建筑制图常将此比例设为 0.7 。

倾斜角度：设置文字的倾斜角。输入一个 –85 和 85 之间的值将使文字倾斜。建筑制图常将倾斜角设为 15°。

注意：使用这一节中所描述效果的 TrueType 字体在屏幕上可能显示为粗体。屏幕显示不影响打印输出。字体按指定的应用字符格式打印。

预览区

随着字体的改变和效果的修改动态显示文字样例。在字符预览图像下方的方框中输入字符，将改变样例文字。

"预览"按钮：根据对话框中所作的改变，更新字符预览图像中的样例文字。

注意：预览图像不反映文字高度。

应用：将对话框中所作的样式修改应用于图形中当前样式的文字。

关闭：将修改应用到当前样式。在"样式名"中对任何一个选项作出修改，"取消"便变为"关闭"。修改、重命名或删除当前样式以及创建新样式等操作立即生效，无法取消。

取消：在"样式名"中对任何一个选项作出修改，"取消"便变为"关闭"。

3．操作步骤

（1）在图5-1所示的对话框中，从**样式名**栏选择**新建**按钮。

（2）自动弹出的如图5-2所示的"**新建文字样式**"对话框中，样式名缺省显示为样式名1，在**样式名**输入框中输入**仿宋**，选择**确定**后回到"**文字样式**"对话框。

图5-2　"新建文字样式"对话框

（3）在"**文字样式**"对话框中，从**字体**栏**字体名**列表中选择**仿宋_GB 2312**。

（4）此时字体栏中的**使用大字体**开关无效，呈灰色显示，**字体样式**列表中也只有**常规**选项，在**高度**输入框中输入5。

（5）在**效果**栏中无须改变文字的方向（颠倒、反向和垂直），在**宽度比例**输入框中输入0.7，**在倾斜角度**输入框中输入15。

（6）在**预览**栏的输入框中输入仿宋后点击预览按钮，在预览窗口中可以观察新建文字样式的外观。

（7）选择**应用**按钮，保存此文字样式的设置，然后可以继续创建或修改文字。

（8）选择**关闭**按钮后，回到图形窗口，现在可以在图形中用仿宋体输入文字。

（9）关闭前样式名列表中显示的文字样式就是当前文字样式，所以当前文字样文字样式是仿宋体。

5.2.2　编辑文字样式

在 AutoCAD 中可以修改缺省文字样式及新创建的文字样式，或在新创建的文字样式未使用时将其删除。

（1）再次调用文字样式命令，弹出图5-1所示的"文字样式"对话框。

（2）对话框中显示出当前文字样式的特性，可以从样式名列表中选择要修改的文字样式名仿宋。

（3）对话框中显示对应于仿宋文字样式的所有特性，可以象创建过程中那样所有特性，在此把效果栏倾斜角度输入框中的 15 改为 5，并观察预览栏中的窗口显示。

（4）修改完毕后，选择应用按钮保存对仿宋文字样式所做的修改。

（5）可以继续在对话框中修改其他文字样式，直至不再修改选择关闭按钮。

如果修改文字样式的字体或方向，当前图形中使用该文字样式的现有文字将自动更新，立即反映出修改后的效果。如果修改文字样式的高度、宽度比例和倾斜角度，则不会改变当前图形中使用该文字样式的现有文字，但会改变以后新创建的文字对象。

对于在文字样式功能中创建的文字样式，如果在图形中未曾使用，以后也不再使用可以从样式名列表中选择该文字样式名，将其删除。

5.3　添加文字

在 AutoCAD 中，书写文字通常有两种方法，一种是单行文字，一种是多行文字。对于文字内容较少时常采用单行文字添加方法，而当文字内容较多或书写成段说明文字时常采用多行文字添加方法。

5.3.1　单行文字输入

1. 命令 调用方式：

命令行：TEXT 或 DTEXT

下拉菜单：绘图→文字→单行文字

2. 命令及提示

命令：DTEXT

当前文字样式：Standard　文字高度：2.5

指定文字的起点或 ｛对正（J）/样式（S）｝：J

输入选项［左上（TL）/中上（TC）/右上（TR）/左中（ML）/正中（MC）/右中（MR）/左下（BL）/中下（BC）/右下（BR）］：BI 图 5－3 为不同对正（J）参数的含义。

指定文字的左下点：

指定文字的旋转角度：

输入文字：可以用中文输入法进行中文输入，也可用 Windows 的剪贴板复制文本到命令行上。

注意：

（1）如在提示"输入样式名或［?］〈当前值〉："时，输入仿宋后按 Enter，在此指定的整个单行文字的文字样式，而不能对单个的字或字符指定文字样式。

(2) 如果需要查看已定义的文字样式，可以输入？后按 Enter。

如果选择的字体缺省高度设置为 0，则提示"指定高度〈2.5000〉:"。

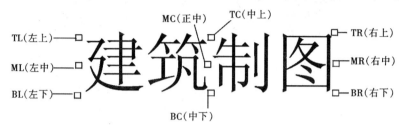

图 5-3　不同对正 (J) 参数的含义

5.3.2　多行文字

对于较长、复杂的输入项，可以使用 MTEXT 创建多行文字或用外部文本编辑器建立文本文件。MTEXT 创建多行文字是直接在当前图形中使用多行文字编辑器编辑内容，外部编辑器建立的文本文件可以输入到当前图形的多行文字编辑器中或直接拖曳到当前图形中。

MTEXT 创建的多行文字可以充满指定宽度，在垂直方向上无限延伸，并设置多行文字中单个字或字符的文字样式。多行文字是由任意行或任意段的单行文字组成的单一对象，可以对其移动、旋转、删除、复制、镜像、拉伸或缩放。

1. 多行文字输入

(1) 命令调用方式

命令行：MTEXT

下拉菜单：绘图→文字→多行文字

工具条："绘图"工具栏中的 **A**

(2) 命令及提示

命令：MTEXT

当前文字样式：

指定第一角点：在图形中选择一点。

指定对角点或［高度（H）/对正（J）/行距（L）/旋转（R）/样式（S）/宽度（W）]：在图形中选择第二点 P2，其他选项在后面都可以用更方便的方法进行设置。

在图面自动弹出如图 5-4 所示的"多行文字编辑器"对话框，在此对话框中对文字的编辑非常类似 OFFICE 软件的编辑方式。

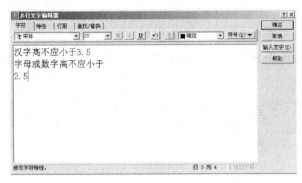

图 5-4　"多行文字编辑器"对话框

　　输入图 5-4 中窗口所示的文字，在窗口中可以对任意行中的任意字符设置文字样式、颜色及是否加下画线等，象 ±、Φ 及度数这样的工程图纸中常用符号可以从符号列表中直接选择。

　　输入完毕并做好所有设置后，选择确定按钮，图形中指定的区域出现上面输入的多行文字。

　　2. 输入外部文本文件

　　(1) 同上所述调用多行文字编辑器，在图 5-4 所示的"多行文字编辑器"对话框中，选择输入文字按钮。

　　(2) 在"打开"对话框中选择要输入的文本文件后选择打开按钮，多行文字编辑器窗口中自动显示该文本文件的内容。

　　(3) 可以在多行文字编辑器窗口中对该文本文件的内容进行编辑。

　　(4) 做好所有设置后，选择确定按钮，图形中指定的区域出现该文本文件的内容，如图 5-5 所示。

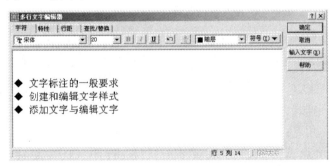

图 5-5　多行文字实例

　　3. 拖曳外部文本文件

（1）打开 Windows 资源管理器，但保持其不充满全屏。

（2）显示要拖曳的文本文件所在的目录。

（3）选择该文本文件，并拖曳到 AutoCAD 图形中。

（4）AutoCAD 把 OLE 文本对象放在图形中拖至的位置。如果该文本文件是 ＊.txt 格式，插入后作为一个多行文字对象，可以用多行文字编辑器编辑这些对象。如果该文本文件不是 ＊.txt 格式，则显示如图 5－6 所示的"OLE 特性"对话框，在对话框中设置插入区域的大小和比例及文字的字体和大小等。

5.3.3 特殊文字

在 AutoCAD 中，有些字符是无法通过标准键盘直接键入的，这些字符为特殊字符。在多行文本输入文字时可以使用多行文字编辑器的符号输入，在单行文字输入中，则需采用特定的代码来输入特殊字符。表 5－1 是 AutoCAD 常用符号的输入代码。

表 5－1 AutoCAD 常用符号的输入代码

代　码	符号及含义	举　　例
％％O	上划线	文字表示为：％％O 文字％％O
％％U	下划线	文字表示为：％％U 文字％％U
％％D	度	180°表示为：180％％D
％％P	正负号	±0.00 表示为：％％P0.00
％％C	直径	Φ100 表示为：％％C100
％％％	百分号	50％表示为：％％％

5.4 编辑文字

5.4.1 修改文字位置

和任何其他对象相同，文字对象可以移动、旋转、删除和复制，也可以镜像或制作反向文字的副本。

文字对象可以用夹点进行编辑，还可以用 DDEDIT 命令和 PROPERTIES 或 DDMODIFY 命令进行修改。

5.4.2 编辑文字

如果只需修改文字的内容，可以使用 DDEDIT 命令。

1. 命令调用方式

命令行：DDEDIT（简写：ED）

下拉菜单：修改→文字

执行命令后，弹出图 5－6 多行文字编辑器对话框，在图形窗口中，在要编辑的文字上单击鼠标右键，从鼠标右键菜单中选择文字编辑。

2. 步骤

（1）执行命令后，提示"选择注释对象或［放弃（U)]:"时，选择要编辑的多行文字对象，在此选择如图5－6所示的多行文字。

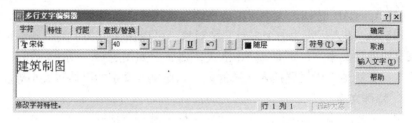

图5－6　编辑多行文字

（2）在弹出的"编辑文字"对话框的输入框中修改文字，可以输入新的文字或删除多余的文字，在此删除单行文本四个字后选择确定。

（3）再次提示"选择注释对象或［放弃（U)]:"时，继续选择其他要编辑的文字，或按 Enter 结束命令。

注意：文字的每一行都是一个独立的对象，可以独立选择或独立编辑。

5.4.3　修改文字对象的特性

如果要修改文字的内容、文字样式、位置、方向或对正方式等特性，可以使用 PROPERTIES 或 DDMODIFY 命令。

1. 命令调用方式

命令行：PROPERTIES 或 DDMODIFY

下拉菜单：修改→特性

2. 步骤

执行命令后，弹出图5－7"特性"对话框时，选择文字对象。

在"特性"对话框中，选择颜色栏，并从颜色列表中选择红色，也可以修改文字内容和其他特性，图形中的对象实时显示修改结果，文字变为红色。此处的修改会影响文字对象中的所有文字。

注意：CHANGE 命令可以在命令行修改文字特性。

3. 设定行间距

行间距用于指定多行文字中相邻两行的基线间的距离。

在 AutoCAD 中，单倍行间距等于 1.55 倍的文字字符高，行间距可以设定位多个单倍行间距或一个绝对值，缺省选项包括单倍（$1x$），1.5 倍（$1.5x$）和双倍（$2x$）。

（1）在多行文字编辑器中，选择行距选项卡。

（2）从行距列表中选择缺省的多倍行距，或输入 nx 指定 n 倍行间距，或

输入一个绝对数值指定行间距。在此 n 代表一个数值，可以视具体情况而定
其大小。在这个例子中选择单倍（$1x$）行距。

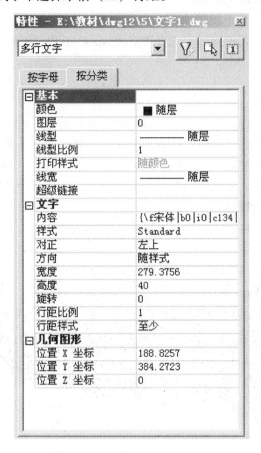

图 5－7　"特性"对话框

注意：行距至少等于文字行中的最大字符高度。

5.4.4　使用其他文字编辑器

1. 命令调用方式

命令行：OPTIONS

下拉菜单：工具→选项

2. 步骤

（1）执行命令后，弹出"**选项**"对话框，在对话框中选择文件选项卡。

（2）在文件选项卡的浏览器中，双击**文字编辑器、词典和字体文件名**。

（3）双击**文本编辑器应用程序**，缺省设置是**内部编辑器**。

（4）双击内部，弹出"**选择文件**"对话框。

（5）在"**选择文件**"对话框中指定文本编辑器（如 Notepad）。

在此，我们介绍文字编辑器的指定方法，但对 AutoCAD 早期版本比较熟悉的用户，一般都习惯于使用内部文字编辑器，内部文字编辑器也很直观、适用，建议大家不做其他的指定，直接使用 AutoCAD 内部编辑器。

5.5 OLE 技术

OLE 对概念

OLE 是 Object Linking and Embedding（对象链接及嵌入）的缩写形式。它是一种共享信息的方法，使源文档中，数据能够链接或嵌入到目的文档中。AutoCAD 内可嵌入或链接其他程序创建的 OLE 对象，AutoCAD 图形可作为 OLE 对象嵌入到其他程序。选择目的文档中的数据时，源文档中的应用程序将打开，以便对数据进行编辑。

【**例 5 - 1**】 将 EXCEL 电子表格插入图 5 - 8 中。

其操作步骤如下：

（1）在 EXCEL 中选择并复制（按 Ctrl C）；

（2）切换到 AutoCAD 中；

（3）单击［编辑］菜单中［选择粘贴］，显示图 5 - 8 对话框。

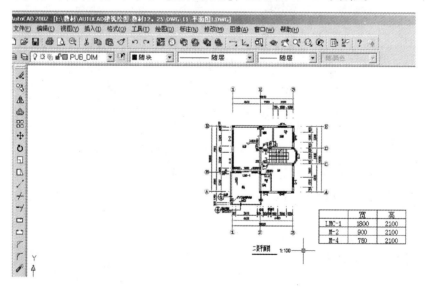

图 5 - 8 将 EXCEL 表插入到 AutoCAD 文件中

用同样的方法可将 Word 文档复制粘贴到 AutoCAD 文件中，将 AutoCAD 绘制图形嵌入到 Word 文档中。

对 OLE 对象可做下列修改：

（1）为 OLE 对象指定新的高度和宽度；

（2）根据字体对 OLE 对象中字体比例缩放；

（3）把 OLE 对象恢复到原始尺寸；

（4）用鼠标拉伸或比例缩放 OLE 对象；

（5）移动 OLE 对象；

（6）剪切、复制或清除 OLE 对象；

（7）控制 OLE 对象显示在 AutoCAD 对象的前面或后面；

（8）改变 OLE 对象的层；

（9）控制 OLE 对象的显示；

（10）关闭对 OLE 对象的选择。

注意：用夹点重定义 OLE 文本对象的区域大小可能会导致文本不可读。

UNDO 不能取消在"OLE 特性"对话框中所做的修改。对"OLE 特性"对话框中所做的修改可以在 OLE 对象上单击鼠标右键，从鼠标右键菜单中选择 UNDO 取消修改。

5.6　查找和替代文字

1. 命令调用方式

命令行：FIND

下拉菜单：编辑→查找

2. 步骤

（1）执行命令后，弹出图 5-9"**查找和替换**"对话框，在查找字符串输入

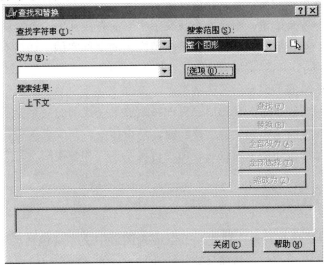

图 5-9　"查找和替换"对话框

框中输入要查找的字符串。

（2）在改为输入框中，输入要替换查找字符串的文字，如果不想替换，可以跳过此步骤。

（3）在搜索范围列表中选择**整个图形**或**当前选择**或**选择选择对象**按钮创建选择集，以定义搜索的范围。

（4）选择选项，自动弹出如图5－10所示的"**查找和替换选项**"对话框，在对话框指定搜索文字的类型及其他选项后，选择确定，回到图5－9所示的"**查找和替换**"对话框中。

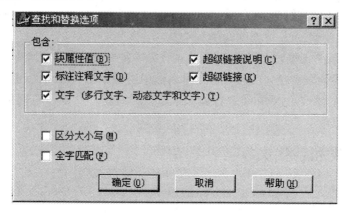

图5－10　"查找和替换选项"对话框

（5）在"**查找和替换**"对话框中，选择**查找**后，AutoCAD在对话框的上下文区域显示查找到的文字及其相近文字。

（6）选择替换按钮，则替换查找文字串当前查找到的一个实例。或选择全部替换按钮，则替换查找字符串在搜索范围内的全部实例。如果不想替换，可以跳过此步骤。

（7）对话框的下面显示替换状态。

（8）选择缩放按钮，在图形窗口中将缩放至查找到的文字位置。

（9）选择关闭按钮或全部选择按钮，结束命令，完成查找和替换文字。

用全部选择按钮结束命令后，命令行显示查找和替换的所有文字对象的个数。

5.7　拼写检查

AutoCAD提供拼写检查功能，可以检查图形中文字（包括尺寸标注文字）的拼写错误。但遗憾的是目前只能使用几种主要的字典进行检查，还不能检查中文简体的拼写错误。几种主要的字典使用标准单词列表，也可以添加用户定义。

1. 命令调用方式

命令行：SPELL

下拉菜单：工具→拼写检查

2. 步骤

(1) 执行命令后，提示"选择对象"时，选择要检查的文字对象或输入 ALL 选择全部文字对象。

(2) 如果 AutoCAD 未发现任何拼写错误的单词，则显示一个"拼写检查完成"信息。如果 AutoCAD 发现拼写错误的单词，则自动弹出如图 5－10 所示的"拼写检查"对话框，识别出拼写错误的单词，拼写错误的单词和拼写相近的单词显示在建议列表中。

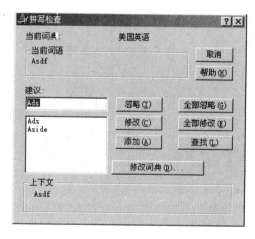

图 5－11　"拼写检查"对话框

(3) 在如图 5－11 所示的"拼写检查"对话框中，可以选择一个建议列表中的单词或输入一个单词纠正拼写错误，然后选择修改或全部修改。选择忽略或全部忽略则不纠正拼写错误。选择添加则不纠正拼写错误并把它添加到用户词典中（如果没有指定用户词典，此选项不能使用）。

(4) 选择取消，关闭对话框，完成拼写检查。

思　考　题

1. 选择字体时需要考虑什么因素？字高应如何确定？

2. 要使镜像文字不发生变化应如何设置？

3. 解释旋转角度与倾斜角度有何不同？

4. 特殊字符 Φ100 应该如何输入？

5. 文字样式如何放到样板图中？这样做有何好处？

上 机 实 训 题

1. 在新建图形中创建如下文字样式见表 5 - 2。

表 5 - 2　文字样式

样式名称	字　　体	高　度	宽高比	倾　斜
FS	仿宋 GB2312	0	0.7	0
FSSHX	英：simplex.shx 中：gbcbig.shx	0	1	0

用 TEXT 命令输入下图第一行文字，用 MTEXT 命令输入说明部分。

2. 绘制图示屋顶构造图，输写构造做法。

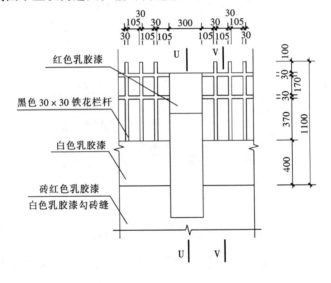

① 　　　　屋顶栏杆大样　　　　1：20

图　5 - 12

其中：构造做法说明字高 400mm，图名 900mm，比例字高 450mm，节点详图直径 1600，字高 900mm。

134

第6章 图块绘制及其应用

使用 AutoCAD 进行建筑绘图时，大家可能都有这样的体会，或者在同一幅图形中，或者在不同的图形中，有一些图形如门、窗、标高符号、标题栏、厨房设备、卫浴设备、台灯、床、餐桌、电视等会被频繁使用，而每次使用这些图形时只是它们的尺寸、文本有一些变化，而图形本身形状并没有变化。像这样的情况下，如果每次都重新绘制这些常用图形，或者对原有图形进行复制copy、阵列 array、缩放 scale 等修改处理，势必增大工作量，同时占用较多的计算机内存。这种情况下，我们可以使用 AutoCAD 所提供的方便图形管理工具——图块，来加快图形的绘制速度，提高绘图效率，即可将一个或多个对象结合形成的单个对象，每个块即是一个整体。利用块可将许多频繁使用的符号作为一个部件进行操作。此外，图块还有一个非常明显的优点，即便于进行图形编辑。图块属性是与图块相关联的文本信息。例如尺寸、材料、数量和供应商等信息就能够作为属性保存在图块中，这种文本就称之为属性。图块属性还可以从图形中提取出来，用于统计处理。

根据绘图需要，AutoCAD 设置的图块命令有：内部块 BLOCK、外部块 WBLOCK、块属性定义 ATTDEF 命令及外部参照 XREF 命令等。

6.1 内部块的创建及调用

在同一幅图形中，如果有某一图形信息被频繁使用，且仅限于在本图形中使用，其他图形中不会用到该图形，这样的情况下，可以考虑使用内部块 BLOCK 命令，将该图形制作成图块，用图块调用命令 insert 来插入图形。

6.1.1 块的创建

1. 命令调用

命令行：BLOCK

菜单："绘图"→块→创建

工具条：绘图→ 🗗

执行创建命令后，弹出图 6-1 所示"块定义"对话框。

从该对话框中不难看出，制作内部块需要三个主要要素：图块名称、图形对象、基点（基点位置的选择以方便调用图形为原则，一般需用捕捉选点）。

此外，对话框底部的预览图标及图块插入单位也是需要设置的。

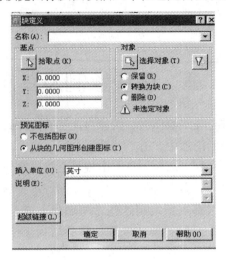

图6-1　"块定义"对话框

2. 参数选项及用法

名称：定义块的名称。在 AutoCAD 中，所有的图块都有指定的名称，单击右边的下拉箭头可以查看当前图形中所有的图块。块名称及块定义保存在当前图形中。

注意：不能用 DIRECT、LIGHT、AVE–RENDER、RM–SDB、SH–SPOT 和 OVERHEAD 作为有效的块名称。

基点区

拾取点：在绘图区用左键指定块的插入基点。默认值为（0、0、0）。另外也可直接输入 X、Y、Z 三个文本框中输入基点坐标。一般来说，基点选择块的左下角、对称中心或者其他有特征的位置。

对象区

（1）选择对象：指定图块所包含的对象。点击按钮后，临时关闭"块定义"对话框，可在绘图区选择屏幕上的图形作为块中包含的对象，完成对象选择后，按 Enter 键重新显示图6-1"块定义"对话框。

（2）快速选择：显示"快速选择"对话框，该对话框定义选择集。

（3）保留：创建块以后，将选定对象保留在图形中作为区别对象。

（4）转换为块：创建块以后，将选定对象转换成图形中的块引用。

（5）删除：创建块以后，从图形中删除选定的对象。

选定的对象显示选定对象的数目。

预览图标区

确定是否随块定义一起保存预览图标并指定图标源文件。

（1）不包括图标：指定不创建图标。

（2）从块的几何图形创建图标。

根据块中对象的几何图形创建预览图标，并随块定义一起保存。

预览图像：显示指定预览图标的图像。

插入单位：指定从 AutoCAD 设计中心拖动块时，用以缩放块的单位。

说明：指定与块相关联的文字说明。

【例6－1】　将图6－2（a）所示的图形创建成图块，名称：Z1000

（a）需定义的块

（b）块定义对话框

图6－2　创建图块示例

（1）在"绘图"工具栏中点取创建块按钮。进入"块定义"对话框，在其中输入名称"Z1000"。

（2）点取基点 拾取点按钮，在绘图区利用对象极轴、对象捕捉中点的位置。

（3）点取选择对象 按钮，在屏幕绘图区框选所有的图形，回车结束选择。

（4）在说明文本框中键入"柱中心"，结果应如图6－2（b）所示。

（5）点取确定按钮，完成图块"Z1000"的建立。

6.1.2　图块的插入

1．命令调用方式

命令行：INSERT

菜单："插入"→块

工具条：绘图→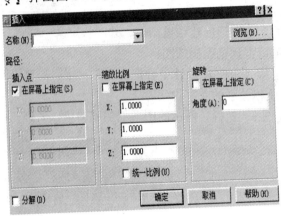

执行插入命令，弹出图6-3块插入对话框。

图6-3 块的插入

2. 参数及用法

名称：用下拉文本框，可选择插入的块名。

：点取该按钮后，弹出图6-4所示的"选择图形文件"对话框，用户可以选择某图形文件作为一个块插入到当前文件中。

图6-4 "选择图形文件"对话框

分解：如果选择了该复选框，则块在插入时自动分解成独立的对象，不再是一个整体。缺省情况下不选择该复选框。以后需要编辑块中的对象时，可以采用分解命令将其分解。

确定：点取该按钮，按照对话框中的设定插入块。如果有需要在屏幕上指定参数，则在命令行上会提示点取必要的点来确定。

插入点区

在屏幕上指定：用鼠标在绘图区直接指定块的插入点。

X、Y、Z：如果不使用在屏幕上指定选项，则可通过输入坐标值指定插入点。

缩放比例区

在屏幕上指定：在随后的操作中将会提示缩放比例，用户可以在屏幕上指定缩放比例。

X、Y、Z：分别指定三个轴向的插入比例，缺省值为1。

统一比例：锁定三个方向的比例均相同。

旋转区

在屏幕上指定：在随后的提示中会要求输入旋转角度。

角度：键入块插入时旋转的角度值，缺省值为0。

说明：

插入命令只可以插入当前文件中已定义的块，或是外部文件的全部图形。如想插入外部文件中的单个图块，则需通过设计中心进行，关于设计中心的内容将在第8章介绍。

注意：

（1）创建图块之前，必须先绘出创建块的对象。

（2）如果新块名与已有的块名重复，则发生图块的替换。此过程称为图块的重定义，这将使图形中所有与此相同的图块发生替换。

（3）图块将沿袭其创建时所在图层上的特性。当插入块时，块仍将保持其原始特性。但是，如果图块创建于"0"图层，则在插入时，该图块将不再沿袭"0"图层的特性，而具有当前图层的特性。因此，创建图块时，推荐在"0"图层上创建，这将方便对图块特性的控制。

【例 6 - 2】　打开新文件，在"zhu"图层中插入块"Z1000"，缩放比例为：$x = 0.6$，$y = 0.8$。

（1）打开文件，将当前图层设为"zhu"，点取插入块按钮，弹出"插入"对话框。

（2）在名称列表中选择"Z1000"。

（3）在"插入点"区中打开"在屏幕上指定"复选框。

（4）在"缩放比例"区打开"统一比例"，设定缩放比例为0.7，如图6 - 5所示。

（5）点取确定按钮后，点取屏幕上某一点，结果如图6 - 6所示，将文件存盘。

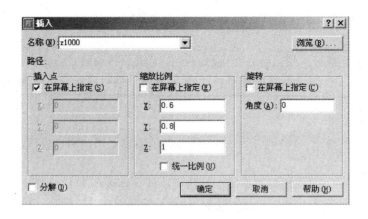

图 6-5 插入对话框的设定

(a)   (b)

图 6-6 插入图块示例
(a) 原图；(b) 插入图块结果

6.2 外部块的创建及调用

通过 BLOCK 命令创建的块只能存在于当前文件中，如果要在其他的图形文件中使用该块，可以用 WBLOCK 命令，将图块保存为独立文件，然后再用 Insert 命令插入该文件。

外部块的创建

WBLOCK 命令不但可以将已定义的图块保存为独立文件，事实上，WBLOCK 命令还可以将未被定义为块的对象保存为独立文件。这部分对象就可以被其他的图形文件引用，当然也可以单独被打开。首先，必须明确，外部图形块是作为一个单独的 * .dwg 文件形式存在的，又称整体图块。

外部图形块的制作使用 WBLOCK 命令，调用外部图形块仍使用 Insert 命令。

1. WBLOCK 命令的调用方式

命令：WBLOCK（简写：W）

执行该命令后，将弹出如图 6-7 所示的"写块"对话框。

2. 参数选项及用法

源区

（1）块：指定要存为文件的块，从列表中选择其名称。

（2）整个图形：将当前图形文件作为一个块输出成一文件，此选项等同于将当前文件另存为一新文件。

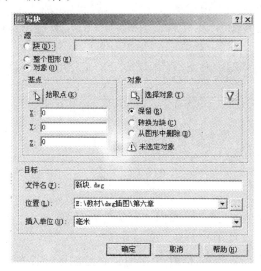

图 6－7　"写块"对话框

（3）对象：可以在随后的操作中指定要存为文件的对象。

基点

（1）拾取点：暂时关闭对话框以使用户在当前图形中指定插入基点。

（2）X、Y、Z：可以在文本框中键入基点坐标，缺省基点是原点。

对象区

（1）选择对象 ：暂时关闭对话框以使用户在当前图形中指定输出文件中包含的对象。

（2）　：弹出"快速选择"对话框，用户可以通过"快速选择"对话框来设定块中包含的对象。

（3）保留：将所选对象存为文件后，在当前图形中仍保留它们。

（4）转换为块：将所选对象存为文件后，在当前图形中将其转换为块，块按"文件名"文本框中的名称命名。

（5）从图形中删除：将所选对象存为文件后，在当前图形中删除它们。

目标区

（1）文件名：为输出的块或对象指定文件名。

（2）位置：为输出的文件指定路径。

(3) ：弹出"浏览文件夹"对话框，在该对话框中可以指定文件输出位置。

(4) 插入单位：用于指定新文件插入时所使用的单位。

【例 6 – 3】绘制图 6 – 8（a）、图 6 – 8（b），通过 WBLOCK 命令将（a）、（b）图制作成块。

(1) 运用绘图、编辑等命令绘制图 6 – 8 所示 SF – 1、SF – 3。

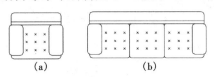

图 6 – 8　沙发
(a) SF – 1；(b) SF – 3

(2) 运行 WBLOCK 命令，弹出"写块"对话框。

(3) 在"源"区选中"对象"单选框。

(4) 在"基点"区点取 拾取点 按钮，在绘图区捕捉左下角点。

(5) 点取"对象"区取 选择对象 按钮，在绘图区框选取图 6 – 8（a）SF – 1，回车返回"写块"对话框。

(6) 在"对象"区设定"保留"单选框。

(7) 在"目标"区的"文件名"文本框中键入"SF – 1.dwg"。

(8) 在"目标"区的"位置"中键入相应路径。

(9) 在"目标"区的"插人单位"文本框中点取下拉箭头，选择"毫米"。

(10) 点取确定按钮，结束写块操作。

(11) 对图 6 – 8（b）沙发重复以上操作，并将块名定义为"SF – 3".dwg。

经过以上操作，将会在指定的目录下产生文件"SF – 1.dwg"、"SF – 3.dwg"。

6.3　图块属性

图块属性就像附在图块上面的标签，包含有该图块的各种信息。如商品的原材料、型号、制造商、价格等等。在一些场合，定义属性的目的在于图块插入时的方便性。在另一些场合，定义属性的目的是为了在其他程序中使用这些数据，如在数据库软件中计算图形里图块所代表材料的成本或生成材料采购表等。

使用图块属性的过程一般包括几个步骤：

1. 在定义图块前，先将欲包含在图块中的各信息项，分别做成属性定义。

2.将图形对象和若干项属性定义共同组成图块。

3.插入图块时，修改某些属性值，然后，可将此图块复制到图中需要的位置。

4.图形绘制全部完成后，通过 ATTEXT 命令提取图中块属性，生成固定格式的文本文件，供其他程序使用。

以上过程第4步，可按需要进行，并非必须执行的步骤。关于块属性的提取，初学者不要求掌握，本书也没有对此方面展开论述。

6.3.1 块属性定义

块属性需要先定义后使用，块属性定义是在创建图块之前进行的。

1.命令的调用

命令：ATTDEF

菜单：绘图→块→定义属性

2.步骤

执行该命令后，弹出"属性定义"对话框，如图6-9所示。

图6-9 "属性定义"对话框

在该对话框中包含了"模式"、"属性"、"插入点"、"文字选项"四个区，各项含义如下：

模式区：通过复选框设定属性的模式。

（1）不可见：设置插入块后是否显示其属性的值。

（2）固定：设置属性是否为常数。

（3）验证：设置在插入块时，是否让 AutoCAD 提示用户确认输入的属性值是否正确。

（4）预置：在插入图块时，是否将此属性设为缺省值。

属性区：设置属性。

（1）标记：属性的标签，该项是必须的。

（2）提示：作输入时提示用户的信息。

（3）值：指定属性的缺省值。

插入点区：设置属性插入点。

（1）┃拾取点（E)┃：在屏幕上点取某点作为插入点。

（2）X、Y、Z文本框：插入点坐标值。

文字选项区：控制属性文本的特性。

（1）对正：设置属性文字相对于插入点的对正方式。

（2）文字样式：指定属性文字的预定文字样式，可以在下拉列表中选择某种文字样式。

（3）高度：指定属性文字的高度，也可点取┃高度〈┃按钮，在绘图区点取两点来确定高度。

（4）旋转：指定属性文字的旋转角度，也可点取┃旋转〈┃按钮，在绘图区点取两点来定义旋转角度。

（5）在上一个属性定义下对齐：选中该复选框，表示当前属性采用上一个属性的文字样式、文字高度以及旋转角度，且另起一行按上一个属性的对正方式排列。此时"插入点"与"文字选项"均不可用。

【例6-4】　　制作带属性定义的索引符号图块，如图6-10（b）所示，并将其插入。

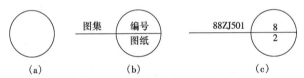

(a)　　　　　　　　　(b)　　　　　　　　　　(c)

图6-10　带属性定义的图块制作示例

（a）索引符号原图；（b）定义图块之前；（c）图块插入结果

（1）新建一个图形后，设定"Standard"文字样式：大字体，国标，宽高比0.7。

（2）绘制索引符号图形，半径为1000，如图6-10（a）所示。

（3）点取菜单"绘图→块→定义属性"，进入"属性定义"对话框，如图6-11（a）所示。

（4）在"属性定义"对话框中的"标记"文本框中键入"编号"，在"提示"文本框中键入"详图编号"，在"对正"框中选择"中间"，文字高度输入"700"，如图6-11（a）所示。

（5）点取┃拾取〈┃按钮，在圆心偏上的位置选取一点，回到"属性定义"对话框。

（6）按确定按钮完成"编号"属性定义，图形上出现"编号"字样。

（7）重复步骤（3）、（4），在步骤（4）中对新建的属性定义做如图6-11（b）的设定。

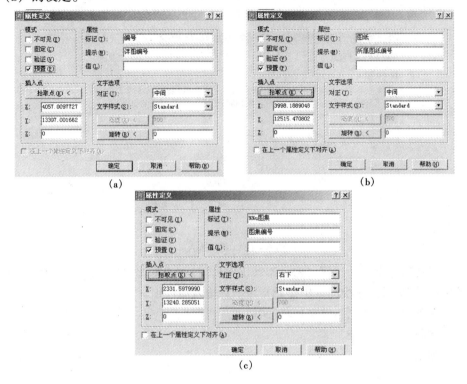

图6-11 属性定义对话框

（a）定义"编号"属性；（b）定义"图纸"属性；（c）定义"图集"属性

（8）按确定按钮完成"图纸"属性定义，图形上出现"图纸"字样。

（9）重复步骤（3）、（4），在步骤（4）中，标记文本框内键入"％％U图集"，"提示"文本框内键入"图集编号"，"对正"框中选择"右下"，文字高度输入"700"，如图6-11（c）所示。

（10）点取 拾取 〈 按钮，在绘图区中捕捉直径左端点，回到属性定义对话框。

（11）按确定按钮完成"图集"属性定义，图形上出现"图集"字样，如图6-11（b）所示。

（12）用BLOCK命令将图6-11（b）所示图形定义为"索引符号"图块，其插入基点为圆下方的象限点。

（13）用INSERT命令插入"索引符号"图块，过程如下：

命令：I

INSERT

在弹出的"插入"对话框中设定插入图块"名称"为"索引符号"，如图 6－12 所示，按确定按钮后进入绘图界面

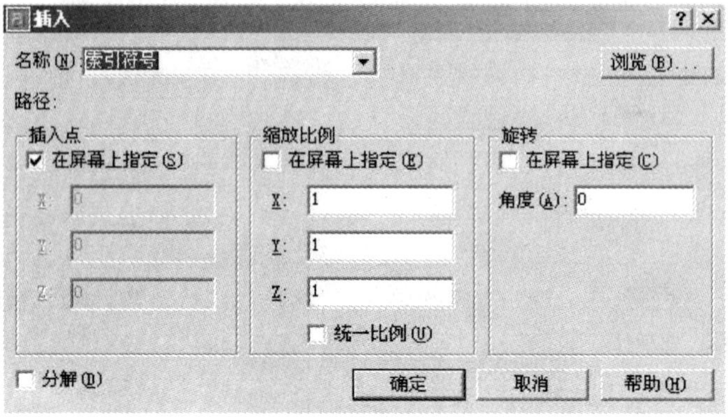

图 6－12　属性插入

指定插入点或〔比例（S）/X/Y/旋转（R）/预览比例（PR）/PX/PY/PZ/预览旋转 PR)〕：在绘图区中任意指定一点输入属性值。

标准图集编号〈〉:％％U88ZJ501

详图编号〈〉：8

图纸号〈〉：2

结果如图 6－10（c）所示。保存文件为 6－10.dwg。

6.3.2　块属性编辑

当一个包含属性定义的图块插入后，欲修改其属性可以通过块属性编辑来完成。

1.命令的调用

命令：ATTEDIT

菜单：修改→属性→单个

修改→属性→全局

按钮："MODIFY Ⅱ"工具栏中

2.命令提示及用法

命令：ATTEDIT

选择块参照：选择需进行属性编辑的图块按弹出"增强属性编辑器"对话框，如图 6－13 所示。在"增强属性编辑器"对话框中修改参数后，按确定按钮，结束命令。

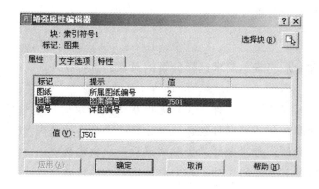

图 6 – 13 "增强属性编辑器"对话框

注意：

"增强属性编辑器"对话框中的参数，由被编辑的图块所包含的属性定义决定。

【例 6 – 5】 将［例 6 – 4］如图 6 – 14 （a）所示带"索引符号"属性的块修改成图 6 – 14 （b）。

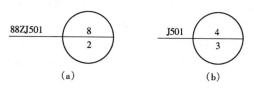

图 6 – 14 修改"索引符号属性"

（1）打开【例 6 – 4】保存的文件 6 – 10.dwg。

（2）单击属性编辑 [图标] 后，命令行提示"选择块参照"，在绘图区上点取欲修改其属性的图块——"索引符号"，弹出图 6 – 13 所示"增强属性编辑器"对话框。

（3）在"图集编号"栏中文字修改为"J501"，在"详图编号"栏中文字修改为"4"，"所属图纸编号"栏中文字修改为"3"，点取确定按钮，退出该对话框，结果如图 6 – 14 （b）所示。

6.4 图块的分解

如果只对一个图块进行修改，而不影响到其他图块，这时就需要对图块进行分解。图块一旦分解，块内的对象就变成各自独立的了，可以用一般编辑命令进行编辑。

命令的调用

命令：EXPLODE （简写：X）

菜单：修改→分解

按钮：![]

执行该命令后将提示要求选择分解的对象，选择某块后，将该块分解。

注意：

（1）块是可以嵌套的。所谓嵌套是指在创建新块时所包含的对象中有块。块可以多次嵌套，但不可以自包含。要分解一个嵌套的块到原始的对象，必须进行若干次的分解。每次分解只会取消最后一次块定义。

（2）分解带有属性的块时，其中原属性定义的值都将失去，属性定义重新显示为属性标记。

6.5 外部参照图形

6.5.1 外部参照命令 XREF 及使用

外部参照是一种图形引用方式，它与图形作为块插入最大的区别在于：图形作为块插入后，其图形数据会存储在当前图形中；如果图形通过外部参照引用，其数据并不存储在当前图形中，而是始终存储在原文件中，当前文件只包含对外部文件的一个引用"链接"。因此，外部参照具有以下优点：

1. 自动更新。外部参照为建筑设计工作带来很大好处。在建筑设计中，各专业设计人员（如土建、给排水、电气、种植设计人员）常常互相需要对方的图形资料（如总平面图）。利用外部参照图，各人员每次进入自己的设计图时，最新保存的外部参照图便会加载进来，这样就可以保证设计的图形始终是最新的。

2. 节省空间。一个外部参照图形可被引用到当前图形中，但它并不能成为当前图形数据的一部分，仅有图名及访问图形所需的少量路径信息被存储在当前文件中，大大节省了存储空间。

通过 XREF 命令可以附着、更新外部参照。

1. 命令的调用

命令：XREF（简写：XR）

菜单：插入→外部参照→![]

按钮："参照"工具栏的→![]

2. 示例

【例 6-6】 参见图 6-15 所示，A、B、C 三图是原外部块图形，在这三图的基础上，我们要用外部参照的方式建立 D 图。则以这种方式建立的 D 图会具有这样的特点：每当 A、B、C 三图中有任何一图发生变化时，D 图只需重新载入绘图编辑器即可自动更新。

分别将 A、B、C 三图以外部块的形式保存为 A.dwg，B.dwg，C.dwg 文件。然后，按下面的步骤进行练习：

1. 情况 1（以"附着"模式来执行外部参照）

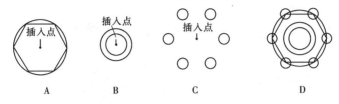

图 6 – 15　外部块图形示例

（1）在命令行键入：Xref↙。

屏幕出现图 6 – 16 所示的"外部参照管理器"窗口，请单击 [附着 (A)] 按钮。

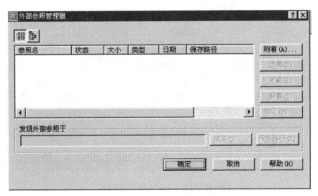

图 6 – 16　外部参照管理器

（2）接着，出现图 6 – 17 所示"选择参照文件"窗口。

（3）单击"A.dwg"文件，并单击［打开］按钮。

（4）出现"外部参照"窗口，如图 6 – 18 所示，单击［确定］按钮。

（5）命令行出现图 6 – 19 所示提示。

按要求指定插入点，即可将图以外部参照的方式放入 D 图中。

（6）按步骤 1~5 继续完成 B、C 图的加入，完成之后如图 6 – 20 所示。

2. 情况 2（以"覆盖"方式执行外部参照）

操作同情况 1，只是要在情况 1 的第 4 步的图 6 – 19 所示的对话框中选择"覆盖型"。完成之后的图形同图 6 – 20 所示。

3. 情况 3（执行"绑定"功能）

所谓"绑定"的意思是说，某外部参照图形与所加入到的图形之间的关系

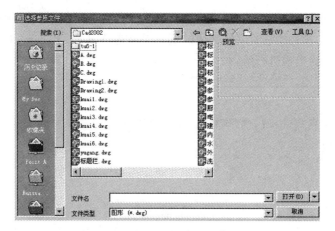

图 6-17　选择参照文件

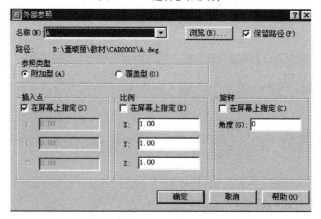

图 6-18　外部参照窗口

附着 外部参照 "A"：D:\董晓丽\教材\CAD2002\A.dwg
"A" 已加载。
指定插入点或 [比例(S)/X/Y/Z/旋转(R)/预览比例(PS)/PX/PY/PZ/预览旋转(PR)]：

图 6-19　命令行提示

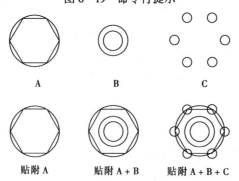

A　　　　　　　B　　　　　　　C

贴附 A　　　　　贴附 A＋B　　　　贴附 A＋B＋C

图 6-20　A、B、C 贴附过程

将被中断，当外部参照图形修改时，使用过该参照图形的图形将不受影响。本例中我们设定 C 图形在加入到 D 图形过程中选择"绑定"功能。步骤如下：

（1）命令行输入 Xref↙。

（2）在弹出的外部参照窗口中选择 C 图形，图 6-21 所示，单击［绑定］按钮。

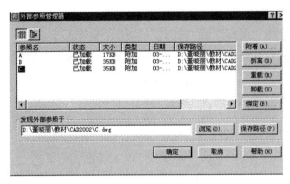

图 6-21　选择 C 图进行"绑定"

（3）出现图 6-22 所示窗口，选择"绑定"或"插入"，单击［确定］按钮，会发现外部参照管理器中的参照图形列表中少了 C 图形，但 D 图形没有变化，如图 6-23 所示。

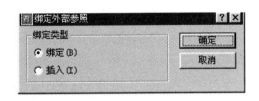

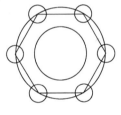

图 6-23　执行"绑定"
C 图后的 D 图

图　6-22

4. 情况 4（执行"拆离"功能）

所谓"拆离"，就是从图形中除去一个外部参照图形。本例以从 D 图中去除参照图形 B 图为例加以说明，步骤如下：

（1）在命令行键入：Xref↙。

（2）在外部参照窗口中，选择 B.dwg 文件，单击［拆离］按钮，窗口外部参照图形列表中少了 B 图形，单击［确定］按钮，会发现 D 图中少了 B 图形，如图 6-24 所示。

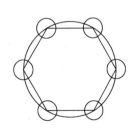

图 6-24　执行"拆离"
B 图后的 D 图

5. 情况5（执行"重载"和"卸载"功能）

所谓"重载"是指在不离开图形编辑器的情况下，若某参照图形发生变化，可使用"重载"该外部参照图形的方法，而使应用该外部参照图形的图形发生相应变化。

而"卸载"可以把某参照图形暂时由组合图中消失，若需恢复，只需对该参照图形进行"重载"即可。

本例以 A 图的"重载"和"卸载"为例，步骤如下：

（1）首先打开 A.dwg，修改成图 6-25（a）所示，并以同名保存。

（2）在命令行键入：Xref✓。

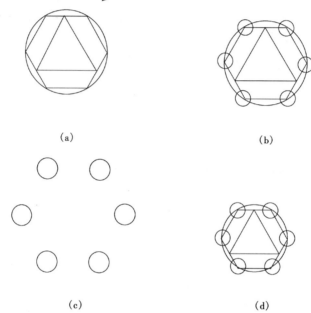

（a）　　　　　　　　　　　　　（b）

（c）　　　　　　　　　　　　　（d）

图 6-25　外部参照示例

A 图修改后；（b）执行"重载"A 图后的 D 图；（c）执行"卸载"A 图后的 D 图；
（d）再次执行"重载"A 图后的 D 图

（3）在外部参照窗口中，选择列表中的 A.dwg，单击［重载］按钮，再单击［确定］按钮。会发现 D 图也同时发生了变化，如图 6-25（b）所示。

（4）再在命令行键入：Xref✓。

（5）在外部参照窗口中，选择列表中的 A.dwg，单击［卸载］按钮，再单击［确定］按钮。会发现 D 图上 A 图空缺了，见图 6-25（c）所示。

（6）再次在命令行键入：Xref✓。

（7）在外部参照窗口中，选择列表中的 A.dwg，单击［重载］按钮，再单击［确定］按钮。会发现 D 图上 A 图又出现了，见图 6 - 25（d）所示。

6.5.2 外部参照图形的剪裁命令 Xclip 及应用

对于外部参照图形，可以使用外部参照图形的剪裁命令 Xclip，使该参照图形只显示其一部分。

1. 命令调用方式

命令行：Xclip↙

工具栏：参照→ 🗐

下拉菜单：修改→剪裁→外部参照

Xclip 命令的提示为图 6 - 26 所示：

```
选择对象：
输入剪裁选项
[开(ON)/关(OFF)/剪裁深度(C)/删除(D)/生成多段线(P)/新建边界(N)]〈新建边界〉：
```

图　6 - 26

其中，

开（ON）：显示剪裁区的图形。

关（OFF）：显示全部图形。

剪裁深度（C）：设置向前或向后的剪裁平面。

删除（D）：删除剪裁边界。

生成多段线：自动确定一个多义线剪裁边界。

新建边界：定义多边形剪裁边界。

例如，我们将图 6 - 27（a）所示 D 图中的 A 图加以剪裁。方法如下：

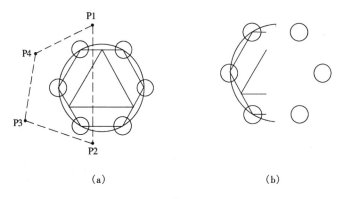

（a）　　　　　　　　　　　　　　（b）

图 6 - 27　外部参照裁剪示例

（a）对 A 图剪裁前的 D 图及剪裁多边形；（b）经剪裁 A 图后的 D 图

在命令行键入：Xclip↙

命令行提示：

153

选择对象：点选 d 组合图形中 A.dwg 图形，并回车。

命令行提示输入剪裁选项，采用默认〈新建边界〉，并回车。

命令行提示如下：

指定剪裁边界：

[选择多段线（S）/多边形（P）/矩形（R）]〈矩形〉：

在其后键入：P↙

按提示输入多边形的各点（见图 6 – 27（a）所示），确认后，A.dwg 图形
如图 6 – 27（b）所示。

思 考 题

1. 图块与一般图形对象有何区别？

2. 如果在定义块时，新输入的块名与原有的块名相同则会发生什么现象？
块的重定义有何作用？

3. 由"0"图层上对象定义的块与其他图层上对象定义的块有何区别？

4. 向一个图形文件添加图块或文件用什么命令？

5. WBLOCK 与 SAVEAS、BLOCK 命令有何区别？

6. 块属性有何作用？

7. 属性标记、属性提示、属性值分别是指什么？

上 机 实 训 题

1. 将图中标高制做成块，并给其标高值定义属性。

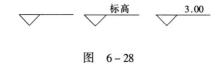

图　6 – 28

2. 运用 BLOCK 将图 6 – 29（a）电话制作成图块，将其插入到图 6 – 29
（b），结果如图 6 – 29（c）。用 WBLIOCK 将图 6 – 29（c）制作成图块。

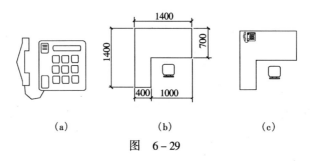

(a)　　　　　　(b)　　　　　　(c)

图　6 – 29

3. 将图 6-30 的家具制做成图块

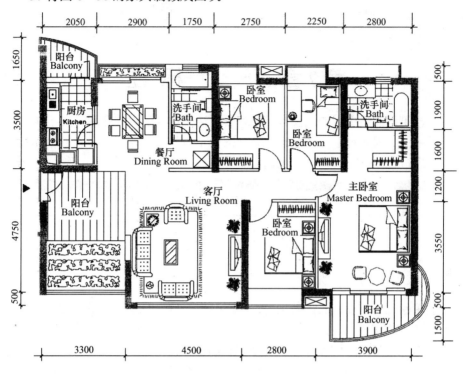

图　6-30

第7章 尺寸标注

在建筑设计图中，如果没有尺寸就不能清楚地表达设计意图，更不能为施工提供依据，因此尺寸标注是建筑设计图中不可缺少的组成部分。在 AutoCAD 中，可通过视图→工具栏→标注调出尺寸标注工具条，如图 7－1 所示。

图 7－1　标注工具条

7.1　尺寸组成及规则

要了解尺寸标注样式的管理，首先应了解尺寸的组成要素，及各部分定义。

7.1.1　尺寸的要素组成

尺寸标注虽然形式多样，但一个完整的标注尺寸由以下几部分组成：尺寸线、尺寸界线、尺寸起止符号（或箭头）、标注文字，如图 7－2 所示。

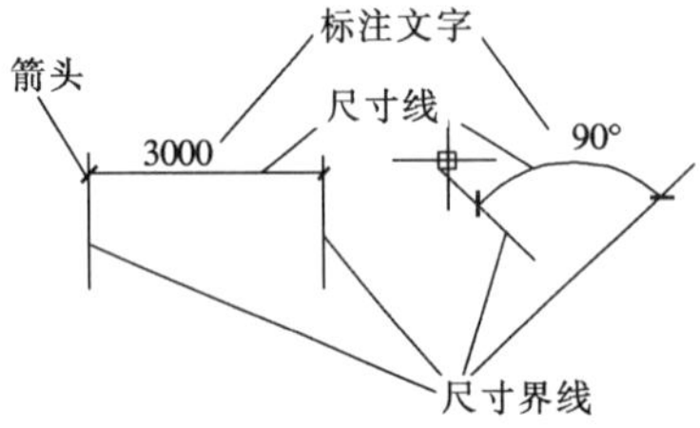

图 7－2　尺寸的组成

其中：尺寸线：表示标注的方向；在角度标注中尺寸线是圆弧；

尺寸界线：从标注对象延伸到尺寸线，表示标注的范围；

起止线（箭头）：AutoCAD 提供的由块定义的箭头符号，在建筑制图中通常采用斜短划线或圆点；

标注文字：表示实际测量值的文字串。

7.1.2　尺寸的类型

AutoCAD 中具有六种类型尺寸的标注功能，其中包括线性尺寸标注、半径尺寸标注、直径尺寸标注、角度尺寸标注、坐标尺寸标注和引出线尺寸标注，如图 7－3 所示。

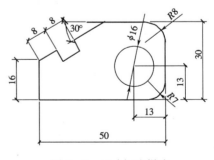

图 7－3　尺寸标注样式

156

7.1.3 尺寸标注规则

不同专业图纸的尺寸标注必须满足相应的技术标准，以使得尺寸标注清晰易识。建筑工程图中尺寸标注，应符合建筑制图标准。

1. 尺寸标注的基本规则

（1）图形对象的大小以尺寸数值所表示的大小为准。图上的尺寸单位，除标高及总平面图以 m 为单位外，均必须以 mm 为单位。

（2）尺寸标注所用文字应符合第 5 章中介绍的文字注写要求，通常数字高不小于 2.5mm，中文字高应不小于 3.5，尺寸线和尺寸界线采用细实线，起止将采用中实线，但半径、直径、角度与弧长的尺寸起止符，宜用箭头表示。

（3）尺寸数字和图线重合时，必须将图线断开。如果图线不便于断开时，应该调整尺寸标注的位置。

（4）尺寸标注如可能应集中放置整齐，方便查找。放置时，小尺寸应离图样较近，大尺寸应离图样较远。

2. 尺寸标注的其他规则

一般情况下，为了便于尺寸标注的统一和绘图的方便，在 AutoCAD 中标注尺寸时应该遵守以下的规则：

（1）由于尺寸标注样式设定较为繁琐，应将设定好的标注样式保存到常用的样板文件中。

（2）为尺寸标注建立专用的图层。建立专用的图层，可以控制尺寸的显示和隐藏，和其他的图线可以迅速分开，便于修改、预览。

（3）为尺寸文本建立专门的文字样式。对照国家标准，应该设定好字符的高度、宽度系数、倾斜角度等。

（4）按照制图标准创建尺寸标注样式，内容包括：直线和箭头、文字样式、调整对齐特性、单位、尺寸精度和比例因子等等。

（5）采用 1:1 的比例绘图，便于尺寸标注操作。由于尺寸标注时，AutoCAD 可以自动测量尺寸大小，所以采用 1:1 的比例绘图，绘图时无须换算，在标注尺寸时也无须再键入尺寸大小。如果最后统一修改了绘图比例，相应应该修改尺寸标注的测量单位比例因子。

（6）在标注尺寸时，为了减少其他图线的干扰，应该将不必要的层关闭，如剖面线层。

7.2　标注样式管理

尺寸标注样式由尺寸线、尺寸界线、尺寸起止符号（或箭头）、标注文字大小及相对位置决定。在标注尺寸前，要根据标注要求设置尺寸样式。

常用的尺寸标注样式有两种方法，一种是用对话框直观地设置，另一种是在命令修改尺寸变量的值。本书着重介绍利用对话框设置尺寸样式。

7.2.1　利用对话框设置标注样式

1. 命令调用方式

命令行：DIMSTYLE

下拉菜单：Format→Dimession Style

工具条：Dim→

2. 命令及提示

执行命令后，弹出如图7-4所示的"标注样式管理器"的对话框。标注样式管理器可以设置当前标注样式，创建和修改标注样式以及替代标注样式，对两种标注样式进行比较。下面将详细地按功能分别介绍。

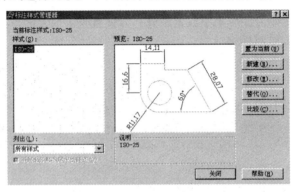

图7-4　标注样式管理器

标注样式用于控制一个尺寸的外观和格式，如果当前图形为公制单位时，系统缺省的标注样式为 ISO-25。

标注样式主要控制：

(1) 尺寸线、尺寸界线、箭头和圆心标记的格式和位置

(2) 标注文字的外观和位置

(3) 管理 AutoCAD 放置文字和尺寸线的规则、标注特征比例

(4) 主单位的格式和精度

(5) 换算单位的格式和精度

(6) 公差的格式和精度

其中，换算单位、公差的格式和精度在建筑制图中可不进行设置，采用系统的默认参数即可，在此本书不赘述。

7.2.2　创建标注样式

在 AutoCAD 中，可以用标注样式管理器创建符合 GB 标准的尺寸标注样

式，下面介绍创建标注样式的步骤。

（1）在图7-4所示的**"标注样式管理器"**对话框中，选择**"新建"**，自动弹出如图7-5所示的"创建新标注样式"对话框。

图7-5 "创建新标注样式"对话框

在此对话框中：

新样式名：可根据电脑绘图人员的需要自行定义，如"半径标注"、"GB标准"等；

基础样式：是指某新建标注样式是以此基础样式进行修改得来，基础样式提供了一组尺寸标注的缺省系统变量，基础样式与新建标注样式互不关联。在此选择系统默认的 ISO-25；

用于：是指新定义的标注样式是针对何种尺寸类型的，如：线性标注、角度标注或直径标注，缺省为所有标注。

（2）确定输入正确后，选择**继续**，自动弹出图7-6所示的"新建标注样式：GB标准"对话框。

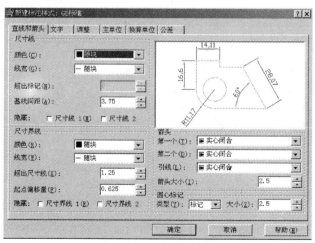

图7-6 "新建标注样式"对话框

（3）在**"新建标注样式"**对话框中，可以对与尺寸标注相关的系统变量进行设置，控制尺寸组成部分的外观，下面步骤根据 GB 标准对尺寸的规定进行设置，相关系统变量的意义在后面将详细介绍。为便于设置和理解，以下变量值采用经验值，仅供参考。

（4）选择**直线和箭头**选项卡，设置尺寸线、尺寸界线、箭头和圆心标记的外观。各变量值如图 7–7 所示。

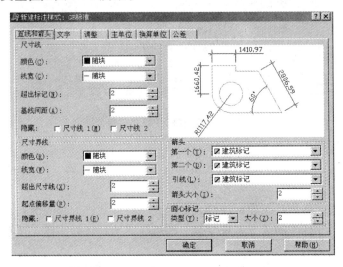

图 7–7　直线和箭头选项变量设置

（5）选择**文字**选项卡，设置尺寸标注中文字的外观、位置和对齐方式。各变量值如图 7–8 所示。

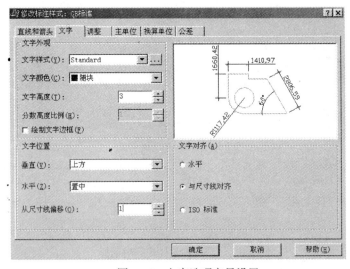

图 7–8　文字选项变量设置

（6）选择**调整**选项卡，设置管理 AutoCAD 绘制尺寸线、尺寸界线和文字的位置的选项，定义尺寸标注的全局比例。各变量值如图 7－9 所示（假设出图比例为 1:100）。

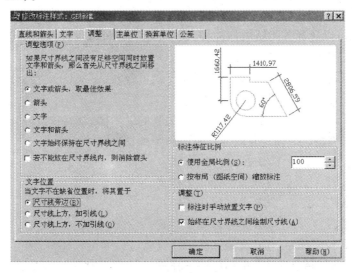

图 7－9 调整选项变量设置

（7）选择**主单位**选项卡，设置线性尺寸和角度尺寸单位的格式和精度。各变量值如图 7－10 所示。

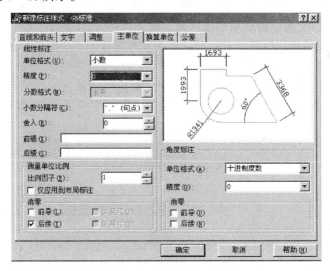

图 7－10 主单位选项变量设置

(8) **换算单位、公差选项采用默认值。**

(9) 选择**确定**，完成 **GB** 标准标注样式对于所有标注的设置，回到图 7 – 4 所示的**"标注样式管理器"** 对话框。此时，在样式栏中添加了 **GB** 标准标注样式。

(10) 可以选择关闭结束标注样式的管理，也可以继续其他的创建、修改等标注样式的管理工作。

前面提到**用于**列表时，讲到某标注样式可针对某一标注类型，也即标注样式有子样式。

标注样式中的子样式通过名称相互关联的，子样式命名时自动使用标注样式名加标注类型，下面是有效样式名的例子：

GB　　　　　　　　GB 所有标注样式

GB：线性　　　　　GB 线性标注子样式

GB：角度　　　　　GB 角度标注子样式

GB：半径　　　　　GB 半径标注子样式

GB：直径　　　　　GB 直径标注子样式

GB：坐标　　　　　GB 坐标标注子样式

GB：引线　　　　　GB 引线标注子样式

下面以 GB 标注样式的角度标注子样式的创建为例示意子样式的创建过程。

(1) 在图 7 – 4 所示的**"标注样式管理器"** 对话框中，选择新建，自动弹出如图 7 – 5 所示的**"创建新标注样式"** 对话框。

(2) 在**"创建新标注样式"** 对话框中基础样式列表中选择 **GB**。

(3) 在用于列表中选择角度标注。

(4) 新样式名输入框中自动弹出 **GB：角度**，但呈灰显，不能修改。如图 7 – 11 所示。

图 7 – 11　创建角度标注样式

(5) 选择**继续**，自动弹出如图 7 – 6 所示的**"新建标注样式"** 对话框。

(6) 在"**新建标注样式**"对话框中，设置相关变量，控制角度标注尺寸组成部分的外观。

(7) 选择**文字**选项卡，在所有标注设置的基础上只更改文字对齐方式的设置，从文字对齐栏中选择**水平**。

(8) 选择**确定**，完成 GB 标注样式对于角度标注子样式的定义。回到如图 7 – 12 所示的"**标注样式管理器**"对话框。从样式列表中可以看出，角度标注样式与 GB 标注样式的关系。

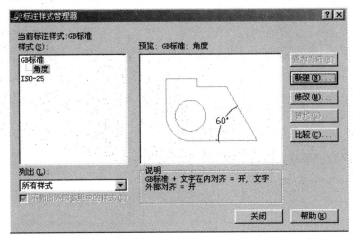

图 7 – 12　标注样式管理器

(9) 选择**关闭**，结束标注样式的管理，也可以继续其他的创建、修改等标注样式的管理工作。

7.2.3　尺寸标注特性的设置

前面介绍了如何创建一个新的尺寸标注样式及其子样式，并且给出了一些选项变量的经验值，下面根据"标注样式管理器"不同的选项卡，详细介绍尺寸标注特性（系统变量）的设置，便于用户更好地理解标注样式，并能熟练地设置出自己希望得到的 GB 标注样式。

1. **直线和箭头选项卡**

尺寸线、尺寸界限和尺寸箭头是尺寸中的重要组成部分，对它们可以在"直线和箭头"选项卡中进行。"直线和箭头"选项卡如图 7 – 13 所示。

尺寸线区

在尺寸线栏中可以设置尺寸线的外观。

颜色：尺寸线的颜色可从其右边列表中选择。常选用默认的**随块**。

线宽：尺寸线的线宽可从其右边列表中选择。常选用默认的**随块**。

超出标记：尺寸线超出尺寸界线的距离值，如图 7 – 13 所示。

基线间距：设置基准尺寸标注时尺寸线之间的间距。基准尺寸标注是尺寸标注的一种方法，在本章后面会讲到。

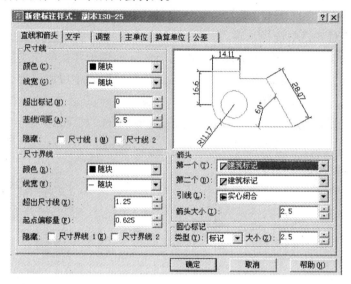

图 7-13　直线和箭头选项卡

隐藏：当尺寸线超出尺寸界线时隐藏尺寸线的显示。建筑制图中常选用不隐藏。

尺寸线 1、尺寸线 2 决定于标注尺寸点选择的顺序，读者可自行体会。

尺寸界线区

在尺寸界线栏中可以设置尺寸界线的外观。

颜色：尺寸界线的颜色可从其右边列表中选择。常选用默认的**随块**。

线宽：尺寸界线的线宽可从其右边列表中选择。常选用默认的**随块**。

超出尺寸线：指在尺寸线上方延伸出尺寸界线的距离值，如图 7-14 所示。

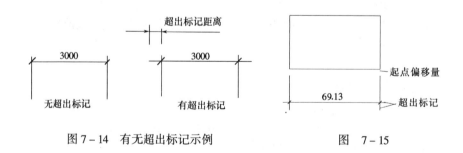

图 7-14　有无超出标记示例　　　　　图　7-15

起点偏移量——从定义标注的原点到尺寸界线起点的偏移距离值，如图7－15所示。

隐藏——当尺寸线超出尺寸界线时隐藏尺寸线的显示。建筑制图中常选用不隐藏。

箭头区

控制尺寸箭头的外观。

建筑制图中采用 ☑ 建筑标记 ▾ 或 ● 点 ▾ 。

引线：此列表只有在设置引线标注子样式时才亮显，用于为引线设置箭头外观，选择方法与前面相同。

箭头大小：显示和设置箭头大小。在箭头大小输入框中输入一数值代表箭头沿着尺寸方向的长度。

圆心标记区

控制直径标注和半径标注中圆心标记的外观。

类型：提供三种圆心标记类型的选择。

无：表示不创建圆心标记和中心线。

标记：表示创建圆心标记。

直线：表示创建中心线。

大小：显示和设置圆心标记和中心线的大小值。

2. 文字选项卡

设置尺寸标注文字的格式、位置和对齐方式。

文字外观

控制文字的格式和大小。

文字样式——显示和设置尺寸标注文字的当前样式。

从**文字样式**右边中选择一种文字样式；或选择列表右侧的按钮，在文字样式对话框中创建和修改尺寸标注文字的样式。创建和修改的方法在文字标注一章讲解。

文字颜色——显示和设置尺寸标注文字的颜色。

文字高度——显示和设置尺寸标注文字的颜色。

在**文字高度**输入数值，如果对应文字样式的文字高度设置为固定的，如图7－16所示，此选项无效。

分数高度比例——设置与尺寸标注文字相关的分数的高度比例值。在建筑制图中用得较少。

编制文字边框——设置是否绘制尺寸标注文字的边框。如图7－17所示。

文字位置

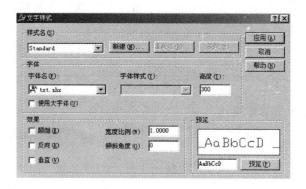

图 7 – 16　文字样式中，文字高度设置为固定值

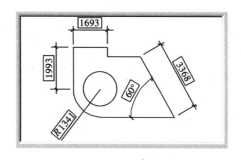

图　7 – 17

控制尺寸标注文字的位置。

垂直： 控制尺寸标注文字沿尺寸线垂直方向的调整。右边列表中有置中、上方、外部和 JIS 选项供选择。如图 7 – 18 所示。

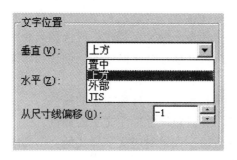

图 7 – 18　文字位置垂直

水平： 控制尺寸标注文字沿尺寸线和尺寸界线方向的调整。可以从水平列表中选择置中、第一条尺寸界线、第二条尺寸界线、第一条尺寸界线上方和第二条尺寸界线上方。如图 7 – 19 所示。

图 7 – 19   文字位置水平

从尺寸线偏移：显示和设置当前文字从尺寸线偏移的距离值。通常文字不应太接近尺寸线。如图 7 – 20 所示。

图 7 – 20   文字尺寸线偏移

文字对齐——控制尺寸标注文字在尺寸界线内外的方向。从文字对齐列表中选择：水平、与尺寸线对齐或 ISO 标准。通常选择与尺寸线对齐。如图 7 – 21所示。

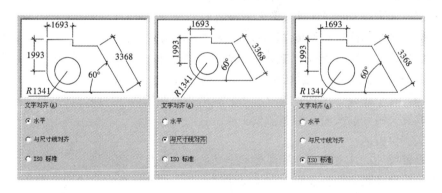

图 7 – 21   文字对齐

3.调整选项卡

在如图 7 – 22 所示的"**新建标注样式**"对话框的**调整**选项卡中，控制尺寸标注文字、箭头、引线和尺寸线的位置。

调整选项（F）区

控制尺寸界线之间如果没有足够的空间放置文字和箭头时，尺寸界线内外

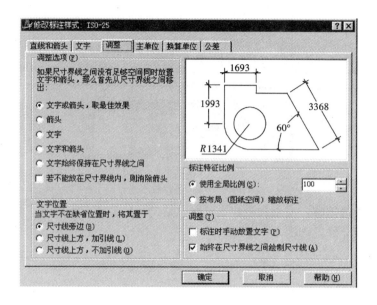

图 7 - 22　**调整**选项卡对话框

的文字和箭头的位置。

（1）**文字或箭头，取最佳效果：**AutoCAD 自动将文字或箭头移出，以最佳效果决定移出内容。

（2）**箭头：**AutoCAD 自动将箭头移出。

（3）**文字：**AutoCAD 自动将文字移出。

（4）**文字和箭头：**AutoCAD 自动将文字和箭头同时移出。

（5）**文字始终保持在尺寸界线之间：**不管空间是否由空间放置文字或箭头，AutoCAD 总把文字放置在尺寸界线之间。

（6）**若不能放在尺寸界线内，则抑制箭头：**如果尺寸界线之间没有足够的空间放置文字和箭头时，抑制箭头。

文字位置区

设置尺寸标注文字不在标注类型定义的缺省位置时的位置。

（1）**尺寸线旁边：**如果文字从尺寸线离开，把文字放在尺寸线的旁边。

（2）**尺寸线上方，加引线：**如果文字从尺寸线离开，创建一条连接文字和尺寸线的引线。

（3）**尺寸线上方，不加引线：**如果文字从尺寸线离开，不创建连接文字和尺寸线的引线。选择不同文字位置产生的效果如图 7 - 23 所示。

标注特征比例区

设置全局尺寸比例或图纸空间的比例。

使用全局比例：为所有标注样式设置一个比例。这个比例不改变尺寸测量值。

按布局（图纸空间）**缩放标注**：指定一个基于当前模型空间视口和图形空间之间比例的比例值。

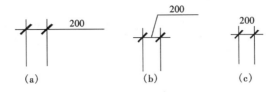

图 7－23　文字位置区示例

调整区

设置附加调整选项。

标注时手动放置文字：忽略任何水平调整设置并将文字放置在提示时指定的位置上。

始终在尺寸界线之间绘制尺寸线：即使 AutoCAD 把箭头放置在测量点的外侧，在测量点之间仍然绘制尺寸线。

4．主单位选项卡

在如图 7－24 所示的**"新建标注样式"**对话框的**主单位选项卡**中，设置尺寸主单位的格式和精度并设置标注文字的前缀和后缀。

线性标注区

设置线性标注主单位的格式和精度。

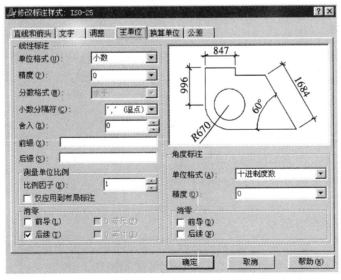

图 7－24　**"新建标注样式"**对话框的**主单位选项**

单位格式：为除角度标注之外的所有尺寸类型单位格式。列表中选择科学、小数、工程、建筑、分数和 Windows 桌面。通常选择**小数**。

精度：设置尺寸文字的小数位数。根据绘图精度的要求设置。通常选择**0**。

分数格式：设置分数的格式。此项须是单位格式选为分数时再进行选择。列表中选择对角、水平和非堆叠。

小数分隔符：为小数格式设置分隔符。列表中选择句号（。）、逗号（,）或空格（ ）。

舍入：为除角度标注之外的所有尺寸类型设置舍入规则。在建筑绘图中一般不用。

前缀（后缀）：输入控制文字或显示特殊符号的控制码。

如：在前缀选项中输入%%c，则该标注样式在图形窗口中的尺寸文字前面显示直径符号 ϕ。如图 7 – 25（a）所示。

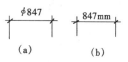

如：在后缀选项中输入 mm，则该标注样式在图形窗口中的尺寸文字后面显示毫米单位符号 mm。如图 7 – 25（b）所示。

图 7 – 25　前缀（后缀）示例

测量单位比例：这一项的设置比较重要，当在同一图中有不同比例的几幅图构成，应该分别创建不同比例的尺寸标注样式进行标注。

比例因子：为除角度标注之外的所有尺寸类型线性标注设置比例因子，此比例因子的大小与图中其他不同比例的图之间相关联。

如：如果此处输入 0.5，AutoCAD 该标注样式的尺寸把实际测量值为100mm 的尺寸标注为 50。

仅应用到布局标注：打开此开关，线性比例因子仅应用于布局中创建的尺寸，长度比例因子反映模型空间视口中对象的缩放比例。

消零：控制前导零、后续零是否抑制。

角度标注区

显示并设置角度标注的当前角度格式。

单位格式：列表中选择十进制度数、度/分/秒、百分度和弧度。

精度：显示和设置角度标注的十进制位数。

消零：控制前导零、后续零是否抑制。

5. **换算单位选项卡**

在如图 7 – 26 所示的**"新建标注样式"**对话框的**换算单位**选项卡中，设置单位、角度和尺寸及换算测量单位的比例格式和精度。

显示换算单位（D）区

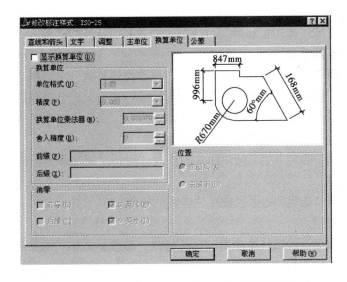

图 7-26　**"新建标注样式"** 对话框的**换算单位**

设置尺寸文本是否添加换算测量单位。

（1）换算单位区

显示和设置除角度标注外的所有尺寸类型的当前换算单位格式。

（2）**单位格式**：设置换算单位格式。

（3）列表中选择科学、小数、工程、建筑堆叠、分数堆叠、建筑、分数和
Windows 桌面。通常选择**小数**。

（4）**精度**：设置基于选定的单位或角度格式的十进制位数。

根据绘图精度的要求设置。

对于建筑绘图而言，以上设置应该娴熟掌握。其他设置可暂不用。因此，
在本章节中不再累述。

7.2.4　设置当前标注样式

前面介绍了尺寸标注样式的意义，下面介绍如何设置当前标注样式。

（1）从**"标注样式管理器"**对话框的**样式**列前标注样式的表中选择要设置
为当前标注样式的名称 GB（可任意取名）。

（2）选择**"置为当前"**按钮。

（3）选择**"关闭"**结束标注样式的设置。

这样，当前标注样式为 GB，标注出的样式特征符合 GB 标注样式的设置
特征。

7.2.5　修改标注样式

修改功能可以对已定义的标注样式进行修改，下面介绍如何修改标注样

式。

（1）从"**标注样式管理器**"对话框的**样式**列前标注样式的表中选择要修改的标注样式或其子样式。

（2）选择"**修改**"按钮，自动弹出"**修改标注样式**"对话框。

（3）从"**修改标注样式**"对话框中对尺寸标注样式的各选项进行修改。此部分内容已在 5.1.5 节中讲解，读者可体会一下，试着修改看看效果，争取举一反三。

（4）选择"**确定**"结束标注样式的修改，回到"**标注样式管理器**"对话框中。

（5）选择"**确定**"结束当前标注样式的修改。

7.2.6　样式替代

替代功能用于设置一个临时的标注样式，修改标注样式的某一个方面，适用于不常用的标注样式。

7.2.7　对两种标注样式进行比较

比较功能用于比较两种标注样式之间组成部分特性的不同。

7.3　常用尺寸标注

在进行尺寸标注前，应该设置符合标准的标注样式并将其设置为当前标注样式。在工程图纸中，最常用的一般是线性标注，有时需要半径标注、直径标注，偶尔需要引线标注及其他标注。

在标注尺寸时，可以通过创建标注的对象来创建标注，也可以指定尺寸界线的起点来创建标注。在创建标注时，AutoCAD 可以自动测量标注对象的值，并产生相应的标注文字，但也可以修改标注文字内容及其相对于尺寸线的角度。

下面简要介绍各种标注形式的用法要点。

7.3.1　线性尺寸标注

线性尺寸指两点之间的水平或垂直距离尺寸。线性标注可以是水平、竖直、对齐或旋转的。

AutoCAD 根据所制定的尺寸界线端点或选择某对象的点自动地应用水平标注或竖直标注。

1. 命令调用方式

命令行：DIMLINEAR

下拉菜单：标注→线性

工具条："标注"工具栏中的 ⊢⊣

2. 命令及提示

命令：DIMLINEAR

指定第一条尺寸界线原点或〈选择对象〉：指定点或按 Enter 键选择要标注的对象。

指定第二条尺寸界线原点：指定尺寸界线原点或要标注的对象后，将显示下面的提示：

指定尺寸线位置或［多行文字（M）/文字（T）/角度（A）/水平（H）/垂直（V）/旋转（R）］：指定点或输入选项。

7.3.2 对齐标注

在对齐标注中，尺寸线与尺寸界线引出点的连线平行。

1. 命令调用方式

命令行：DIMLIGNED

下拉菜单：标注→对齐

工具条："标注"工具栏中的

2. 命令及提示

指定第一条尺寸界线原点或〈选择对象〉：指定点或按 Enter 键选择要标注的对象。

指定第二条尺寸界线原点：指定尺寸界线原点或要标注的对象后，将显示下面的提示：

指定尺寸线位置或［多行文字（M）/文字（T）/角度（A）/水平（H）/垂直（V）/旋转（R）］：指定点或输入选项。

如图 7-27 为水平、垂直、对齐标注示例，其中 1、2 点为水平尺寸界线原点，2、3 为垂直尺寸界线原点，1、3 为对齐尺寸界线原点，4 为尺寸线位置。

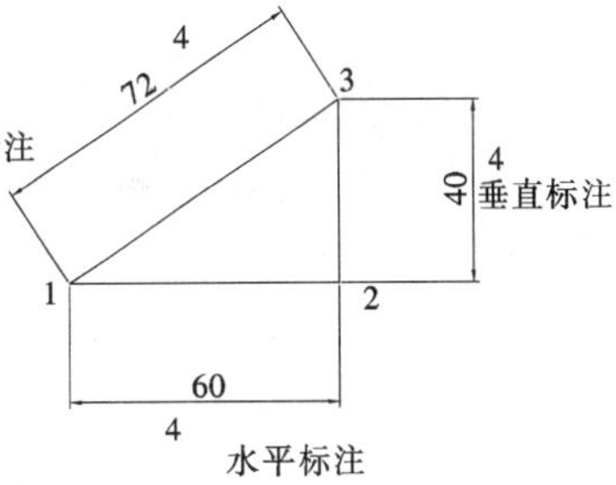

图 7-27　水平、垂直、对齐标注示例

7.3.3 基线标注

基线标注是以同一基线为基准的多个标注。在创建基线标注之前必须已经存在线性标注、坐标标注或角度标注。下面以最常用的线性标注的基线标注为例介绍创建基线标注的步骤。

1. 命令调用方式

命令行：DIMBASELINE

下拉菜单：标注→基线

工具条："标注"工具栏中的

2. 命令及提示

命令：DIMBASELINE

选择基准标注：选择线性标注、坐标标注或角度标注

指定第二条尺寸界线原点或［放弃（U）/选择（S）］〈选择〉：指定点、输入选项或按 Enter 键选择基准标注。

图 7 - 28（a）为基线标注示例。

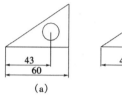

图 7 - 28 基线、连续线
尺寸示例

7.3.4 连续标注

连续标注是使用每个标注的第二个尺寸界线端点作为下一个标注的第一个尺寸界线起点的首尾相连的多个标注。同基线标注类似，在创建基线标注之前必须已经存在线性标注、坐标标注或角度标注。下面以最常用的线性标注的基线标注为例介绍创建连续标注的步骤。

1. 命令调用方式

命令行：DIMCONTINUE

下拉菜单：标注→连续

工具条："标注"工具栏中的

2. 命令及提示

命令行：DIMCONTINUE

选择连续标注：选择线性标注、坐标标注或角度标注。

否则，AutoCAD 将跳过该提示，并在当前任务中使用上一次创建的标注对象。如果基准标注是线性标注或角度标注，将显示以下提示：

指定第二条尺寸界线原点或［放弃（U）/选择（S）］〈选择〉：指定点、输入选项或按 Enter 键选择基准标注。

图 7 - 28（b）为连续线尺寸示例。

7.3.5 半径标注和直径标注

半径标注和直径标注可以直接选择圆弧和圆对象。

1. 半径标注

（1）命令调用方式

命令行：DIMRADIUS

下拉菜单：标注→半径

工具条："标注"工具栏中的

（2）命令及提示

命令：DIMRADIUS

选择圆弧或圆：

指定尺寸线位置或［多行文字（M）/文字（T）/角度（A）］：指定点或输入选项。

2. 直径标注

（1）命令调用方式

命令行：DIMDIAMETER

下拉菜单：标注→半径

工具条："标注"工具栏中的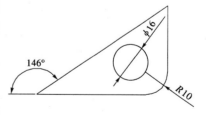

（2）命令及提示

命令行：DIMDIAMETER

选择圆弧或圆：

AutoCAD 测量直径并显示前面加一个直径符号（Ø）的文字。光标的位置决定尺寸线的位置。移动光标时，标注将在圆或圆弧内外移动。

指定尺寸线位置或［多行文字（M）/文字（T）/角度（A）］：指定点或输入选项。

7.3.6 角度标注

角度标注用于标注两条直线或三点连线间的角度，尺寸线呈一圆弧。创建标注时，可以修改文字内容和角度。

1. 命令调用方式

命令行：DIMANGULAR

下拉菜单：标注→角度

工具条："标注"工具栏中的

2. 命令及提示

命令：DIMANGULAR

选择圆弧、圆、直线，或〈指定顶点〉:选择圆弧、圆或直线，或按 Enter 键，通过指定三点创建角度标注。

定义要标注的角度之后，将显示以下提示：

指定标注弧线的位置或［多行文字（M）/文字（T）/角度（A）]:

图 7-29 为半径、直径、角度标注示例。

图 7-29 为半径、直径、角度标注示例

7.3.7 快速标注

使用 QDIM 快速创建一系列标注。它是
一个交互式的、动态的、自动化的尺寸标注生成器。它可以快速地创建一系列
的基线标注、连续标注、相交标注、坐标标注、多个圆和圆弧的半径和直径标
注。此命令特别有用。

1. 命令调用方式

命令行：QDIM

下拉菜单：标注→快速标注

工具条："标注"工具栏中的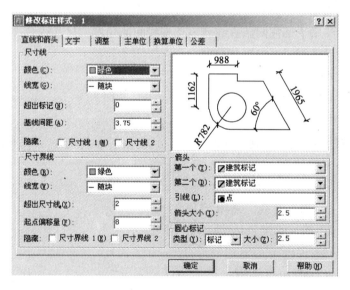

2. 命令及提示

命令：QDIM

选择要标注的几何图形：选择要标注的对象并按 ENTER 键。

指定尺寸线位置或［连续（C）/并列（S）/基线（B）/坐标（O）/半径
（R）/直径（D）/基准点（P）/编辑（E）]〈当前值〉：输入选项或按 ENTER 键。

【例7-1】 利用标注样式设置，对外墙进行快速标注。

将尺寸标注样式设置成图，文字高 2.5，使用快速标注，如图 7-30 所示。

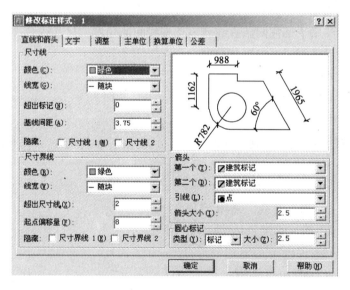

图 7-30 标注样式设置

命令行：QDIM

选择要标注的几何图形：选择要标注的上部外墙，并按 ENTER 键。

指定要标注的几何图形：找到 1 个，总计 3 个。

指定要标注的几何图形：找到 1 个，总计 4 个。

指定要标注的几何图形：找到 1 个，总计 5 个。

指定要标注的几何图形：找到 1 个，总计 6 个。

指定要标注的几何图形：找到 1 个，总计 7 个。

指定要标注的几何图形：找到 1 个，总计 8 个。

指定要标注的几何图形：找到 1 个，总计 9 个。

指定尺寸线位置或［连续（C）/并列（S）/基线（B）/坐标（O）/半径（R）/直径（D）/基准点（P）/编辑（E）]〈连续〉：指定尺寸线位置。

标注结果如图 7 – 31 所示。

7.3.8 其他尺寸标注

AutoCAD 还提供了其他的尺寸标注类型，如：引线标注、坐标标注、圆心标记和公差标注等。学习尝试使用这些标注类型。

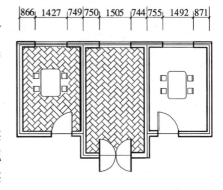

图 7 – 31 快速标注示例

7.4 编辑尺寸标注

对已标注的尺寸，在 AutoCAD 中可以用编辑命令和夹点编辑模式编辑标注。常用的编辑尺寸标注有以下几种：

1. 修改标注样式

2. 使用对象特性工具修改尺寸标注

3. 使用夹点编辑尺寸标注

4. 编辑标注命令

5. 修改标注文本

7.4.1 修改标注样式

通过修改标注样式，可以使与此样式相关的所有尺寸发生修改。

命令：DDIM

按钮：

执行该命令弹出"标注样式管理器"对话框。选择相应标注样式后点取修改按钮，修改后点取确定按钮退出该对话框，则图样上所采用该样式尺寸自动更改。对替代样式的修改不会自动进行。

【例 7 – 2】 将图 7 – 31 的标注修改成全局比例为 100，用原点表示起止点。

（1）执行 DDIM 后，弹出"标注样式管理器"对话框，选择对话框中副本 1 标注样式，点取修改，弹出"修改标注样式"对话框，如图 7 – 32 所示，点

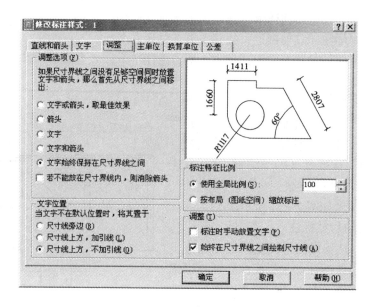

图 7 – 32 "修改标注样式"对话框

取直线箭头按钮，将箭头改为圆点，将全局比例修改为100，点取关闭按钮，结果如图 7 – 33 所示。

7.4.2 夹点编辑尺寸标注

选择图形中的尺寸标注，可以拖着一个尺寸上任意一个夹点的位置，修改尺寸界线的引出点位置、文字位置及尺寸线的位置。

特别是当图形对象和其对应的尺寸标注同时选择时，选择尺寸界线引出点与图形对象特征点重合的夹点时，可以动态拖

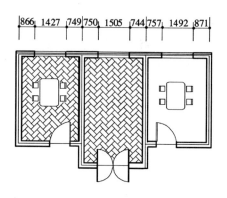

图 7 – 33 修改标注样式

动图形对象，其尺寸标注与图形对象相关联，即尺寸标注随着图形对象的变化而变化，如图 7 – 34 所示。

【例 7 – 3】 绘制图 7 – 34（a），使用夹点编辑的拉伸功能，将图 7 – 34 中的（a）图修改为图 7 – 34（b）图。

窗选左图，再点取图形左下角的夹点，进入夹点编辑的拉伸状态；输入 @ 22，0 后回车，结果如图 7 – 34（b）所示，尺寸 50 变成 28。

7.4.3 常用编辑命令编辑尺寸标注

可以用 AutoCAD 常用的编辑命令 ERASE、COPY、MIRROR、ARRAY、

MOVE、ROTATE、SCALE、STRETCH、TRIM 和 EXTEND 等命令编辑尺寸对象。

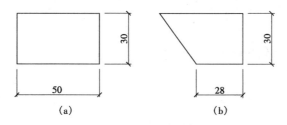

图 7-34　图利用"夹点"修改尺寸
(a) 原图；(b) 结果

使用特性匹配工具 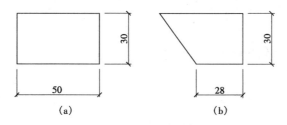，将某一标注的特性复制到其他标注上，也是常用的标注修改方法。

7.4.4　标注工具编辑尺寸标注

1. 编辑标注

可以编辑尺寸标注的文字内容，旋转尺寸标注文字对象的方向，指定尺寸界线倾斜的角度。

（1）命令调用方式

命令行：DIMEDIT

下拉菜单：标注→倾斜

工具条："标注"工具栏中的

（2）命令及提示

命令：DIMEDIT

输入标注编辑类型「缺省（H）/新建（N）/旋转（N）/倾斜（O））〈缺省〉：

2. 编辑标注文字

可以编辑尺寸标注文字的水平位置及文字对象的方向。

（1）命令调用方式

命令行：DIMEDIT

下拉菜单：标注→对齐文字

工具条："标注"工具栏中的

（2）命令及提示

命令：DIMEDIT

选择标注：选择标注对象。

指定标注文字的新位置或［左（L）/右（R）/中心（C）/默认（H）/角度（A）］：指定点或输入选项。

3. 标注更新

可以用指定的标注样式更新图形中已标注的尺寸。

（1）命令调用方式

下拉菜单：标注→更新

工具条："标注"工具栏中的

（2）命令及提示

输入标注样式选项

［保存（S）/恢复（R）/状态（ST）/变量（V）/应用（A）/?］〈恢复〉：输入选项或按 ENTER 键。

7.4.5 用特性管理器编辑尺寸标注

特性管理器用于管理图形中的所有图形对象，对尺寸标注也可以编辑。

如果只想对某个尺寸进行单独的调整，可以使用对象特性工具，在"对象特性管理器"对话框中进行修改。

命令：PROPRTIES

菜单：工具→ 对象特性管理器

按钮：

若选择的实体为尺寸标注，则 AutoCAD 弹出"对象特性"窗口，其特有的属性组为：基本、其他、直线和箭头、文字、调整、主单位、换算单位和公差。属性组前面有一个" + "表示该属性组没有打开，单击" + "，则" + "变为" – "，表示打开该属性组。

【例 7 – 4】 用对象特性工具将图 7 – 35 中尺寸文字"50"的高度由 5 改为 3。

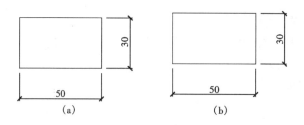

图 7 – 35 利用对象特性修改尺寸高度

(a) 原图；(b) 结果

（1）点制级，弹出"对象特性管理器"对话框。

（2）选择需修改的尺寸，在"对象特性管理器"对话框中将文字高度一项改为"3"，并敲"回车"。

（3）结果如图7-35（b）所示，尺寸文本高度自动变成3。

注意：

尺寸标注是建筑工程图纸中非常重要的组成部分，为掌握好这部分知识，多做练习是掌握和善用尺寸标注功能的重要途径。

思 考 题

1. 尺寸标注有哪些组成要素？

2. 建筑制图的标注规则主要有哪些？

3. 为什么尺寸标注图层要与其他图层分开？

4. 尺寸标注有哪些类型？它们各有何特点？

5. 快速引线标注的文字高度可否通过更改标注样式而更改？

6. 什么是快速标注尺寸？使用步骤有哪些？

7. 标注样式、标注子样式和标注样式替代有何不同？

8. 在一个输出比例为1:200的图形中，应如何设定标注样式的全局

上 机 实 训 题

1. 绘制图7-36，将尺寸改为箭头，并保留两位小数结果如图7-36。

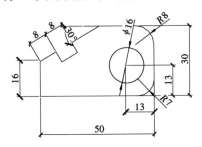

图 7-36

2. 绘制图7-36，并标注尺寸

（1）按图示尺寸进行标注；

（2）编辑尺寸标注，将尺寸改为箭头，并保留两位小数。

3. 绘制图7-37，并标注尺寸。

4. 标注第6章上机实训题图6-30的尺寸。

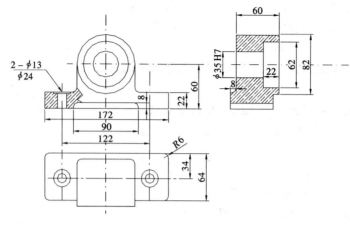

图　7-37

第8章 设计中心及常用辅助工具

设计中心是 AutoCAD 2000 新增的工具，利用它可以便捷地管理和再利用设计图形。只需用鼠标拖放，就能将一张设计图中的块、层、线型、文字样式、布局和尺寸样式等复制到另一张图中，省时省力。尤其是对于一个设计项目，利用设计中心不仅可以重复利用和共享图形，提高设计效率，而且还可以保证图形间的一致性，规范设计标准。

在绘制图形过程中，还经常用到一些辅助工具，例如测量两点间距，查询某区域面积等。这些辅助工具帮助我们更快捷、更准确地进行绘图。

8.1 设计中心简介

利用设计中心可以浏览、查找、预览以及插入位于本机、网络服务器，甚至 Internet 上的设计资源。

8.1.1 设计中心界面

1. 启动设计中心

菜单：工具→AutoCAD 设计中心

按钮：▥

快捷键：〈Ctrl 十 2〉

执行该命令后，弹出图 8 – 1 所示的"设计中心"窗口。

2. 设计中心界面

在设计中心窗口中，标题栏的下方有一排控制按钮，其含义如下：

(1) ▧ （桌面）：打开桌面。

(2) ▨ （打开图形）：打开当前选择的图形。

(3) ▧ （历史）：列表显示最近 20 个设计中心访问过的位置。

(4) ▧ （树状视图切换）：显示和隐藏树状视图。如果在绘图区域中需要更多空间，可以隐藏树状视图。如果正在使用"历史"模式，则"树状视图切换"按钮不可用。

(5) 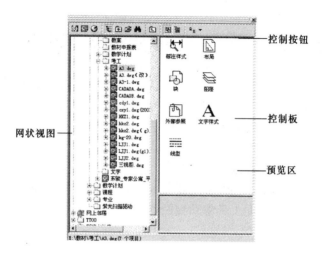（收藏夹）：控制板中将显示 AutoDesk Favorites 文件夹内容，树状视图将在桌面视图中显示加亮文件夹。

图 8-1　设计中心窗口

（6）（加载）：显示"加载设计中心控制板"对话框。使用该对话框可以加载控制板，同时显示来自 Windows 桌面、AutoDesk Favorites 文件夹和 Internet 上的内容。

（7）（查找）：显示"查找"对话框。使用该对话框可以指定搜索条件，定位图形、块以及图形中的非图形对象。

（8）（上一级）：显示当前位置的上一级内容。

（9）（预览）：在预览区显示控制板中选定项目的预览图像。如果选定项目没有保存预览图像，预览区域是空的。

（10）（说明）：在说明区显示控制板中选定项目的文字说明。

（11）（显示格式）：为加载到控制板中的内容提供四种不同的显示格式：大图标、小图标、列表、详细信息。

在控制按钮下方有树状视图、控制板、预览和说明四个区。

（12）树状视图区：显示计算机或网络驱动器中文件内容、文件和文件夹的层次关系。

（13）控制板：显示以下内容：文件夹、图形、图形中的对象（如块、外部参照、布局、图层、标注样式和文字样式等）、图像文件等。使用窗口顶部的工具栏按钮可以访问控制板选项。还可以通过在控制板上右击，然后从快捷菜单中访问所有控制板和树状视图选项。

（14）预览：显示控制板选定项目的预览图像。

（15）说明：显示控制板选定项目的文字说明。

8.1.2　设计中心功能

利用设计中心，可以打开、浏览控制板中的对象，也可将其插入、附着到当前图形文件中。具体操作通过以下方式进行：

1. 快捷菜单

当在控制板中选中某对象后，右击弹出快捷菜单，可以选取需要的操作选项。依据选中的对象不同，右键菜单亦有差别，图 8 - 2 列举了常用的几种右键菜单。

图形文件右键菜单　　　　　　图块右键菜单　　　　　标注样式右键菜单

图 8 - 2　控制板不同对象的右键菜单

在上述右键菜单中，主要选项含义如下：

（1）浏览：在控制板中显示该图形的包含对象。

（2）添加到收藏夹：将该图形添加到收藏夹中。

（3）组织收藏夹：进入收藏夹以便重新整理。

（4）插入为块：相当于执行 INSERT 命令，将选中的文件插入当前文件。

（5）附着为外部参照：相当于执行 XREF 命令，将选中的文件附着到当前文件。

（6）复制：将该目标复制到剪贴板。

（7）在窗口中打开：打开选中的文件。

（8）附着图像：将图像文件附着到当前图形中。

（9）添加标注样式：将选中的标注样式添加到当前图形中。

（10）插入块：将选中的图块插入到当前图形中。

2. 拖放

将控制板选中的对象（可以是图像文件、图形文件、图形中的块、外部参照、布局、图层、标注样式和文字样式等）用左键拖放到绘图区，则相当于插入操作；若拖放到空白处（即绘图区外的灰色区域），相当于打开该文件。如果通过右键将对象拖放到绘图区，会弹出相应的快捷菜单，此时可以选择插入方式。

8.2 定数与定距等分

8.2.1 定数等分

DIVIDE 命令可以在图形对象的定数等分处插入点或图块，可以定数等分的对象包括圆弧、圆、椭圆、椭圆弧、多段线和样条曲线。

1. 命令的调用

命令：   DIVIDE（简写：DIV）

菜单：   绘图→点→定数等分

2. 命令提示及参数选项

命令：   DIVIDE

选择要定数等分的对象：对象可以是圆弧、圆、椭圆、椭圆弧、多段线和样条曲线。

输入线段数目或［块（B）］：b 指定等分的数目。

输入要插入的块名：   在等分点上将插入块。

是否对齐块和对象［是（Y）/否（N）］〈Y〉：是否将块和对象对齐。如果对齐，插入的块将沿对象的切线方向对齐，必要时会旋转块，否则不旋转插入的块。

【例8-1】 以块的方式"Tree"定数等分样条曲线，如图8-3所示，

(a)   (b)

图8-3 块的方式定数等分示例

(a) 原图；(b) 等分结果

命令：DIVIDE

选择要定数等分的对象：选取样条曲线。

选择要定数等分的对象：

输入线段数目或［块（B）］：b

输入要插入的块名：TY

是否对齐块和对象［是（Y）/否（N）］〈Y〉：输入线段数目：5

结果如图8-3（b）所示。

【例8-2】 以点（POINT）等分方式绘制图8-4（a）。

其操作步骤如下：

1. 绘制矩形；

2. 绘制中线；

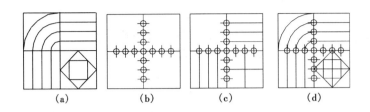

图 8-4 以点（POINT）等分示例

3. 定数（8）等分绘制中线，等分前先执行 DDPTYPE 修改点样式，或菜单格式→点样式，执行完弹出图 8-5 对话框，选择点样式，结果如图 8-4 (b)；

4. 打开捕捉，绘制相应的直线与辅助线，结果如图 8-4 (c)；

5. 绘制弧线，用偏移复制绘制其他弧线。打开中点捕捉绘制矩形；

6. 擦除辅助线，将点样式设置成原点，结果如图 8-4 (d)。

技巧提示：

本图形也可用格栅、捕捉等命令绘制．

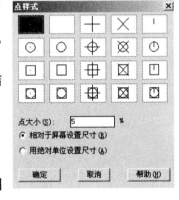

图 8-5 点样式设置对话框

8.2.2 定距等分

在某线段上的指定距离等分处插入点或图块，可以采用 MEASURE 命令来完成。

1. 命令的调用

命令：MEASURE

菜单：绘图→点→定距等分

2. 命令提示及参数用法

命令：MEASURE

选择要定距等分的对象：对象可以是圆弧、圆、椭圆、椭圆弧、多段线和样条曲线。

指定线段长度或 [块（B）]：指定等分的长度或以块作为符号来定距等分对象。在等分点上将插入块。

输入要插入的块名：　　　　输入要插入的块名

是否对齐块和对象 [是（Y）/否（N）]〈Y〉：是否将块和对象对齐。如果对齐，插入的块将沿对象的切线方向对齐，必要时会旋转块，否则将不旋转插入的

187

块。

指定线段长度： 选定定距等分线段长度。

【例8-3】 将图8-6操场定距等分，距离为400。

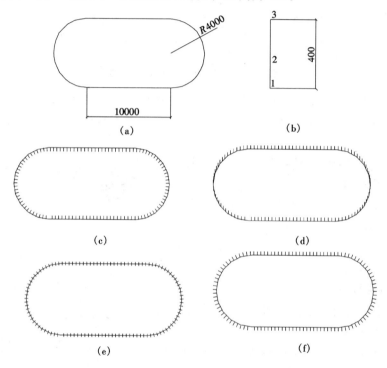

(a)

(b)

(c)

(d)

(e)

(f)

图8-6 定距等分示例

(a) 原图；(b) 直线图块；(c) 块插入点为1，对齐；(d) 块插入点为1，
不对齐；(e) 块插入点为2，对齐；(f) 块插入点为3，对齐

8.3 查询命令

8.3.1 列表显示图形信息

列表显示可以将所选图形对象的类型、所在空间、图层、大小、位置等特性在文本窗口中显示。

1.命令调用

命令：LIST

菜单：工具→查询→列表显示

按钮："查询"工具栏

2.命令及提示

命令：LIST

选择对象：

3．参数

选择对象：选择欲查询的对象。

8.3.2　查询点的坐标

通过 ID 命令可查询点的坐标。

1．命令调用

命令：ID

菜单：工具→查询→坐标

按钮：

2．命令及提示

命令：ID

指定点：

3．参数

指定点：点取要查其坐标的点，可以使用对象捕捉准确定位。

8.3.3　测量距离

通过 DIST 命令可以测量屏幕上两点之间的直线距离。

1．命令调用

命令：DIST（简写：DI）

菜单：工具→查询→距离

按钮：

2．命令及提示

命令：DIST

指定第一点：

指定第二点：

距离 = 389.5160，XY 平面中倾角 = 39，与 XY 平面的夹角 = 0

x 增量 = 296.1849，Y 增量 = 238.2908，Z 增量 = 0.0000

3．参数选项及含义

指定第一点：指定距离测定的起始点。

指定第二点：指定距离测定的结束点。

输入两点后命令行将提示测量的结果。

8.3.4　测量面积

1．命令的调用

命令：AREA（简写：AA）

菜单：工具→查询→面积

按钮：

2. 命令及提示

命令：AREA

指定第一个角点或 [对象（O）/加（A）/减（S）]：

指定下一个角点或按 ENTER 键全选：

3. 参数含义及使用方法

(1) 第一个角点：指定欲计算面积的多边形区域第一个角点，随后指定其他角点，回车后结束角点输入，自动封闭指定的角点并计算面积和周长。

(2) 对象（O）：选择对象来计算其面积和周长。如果对象不是封闭的，系统则会自动封闭该对象后再测量其面积。

(3) 加（A）：进入相加模式，在测量结果中加上对象或围出的区域面积和周长。

(4) 减（S）：进入相减模式，在测量结果中减去对象或围出的区域面积和周长。

【例 8 - 4】 测量图 8 - 7 中外墙面积。

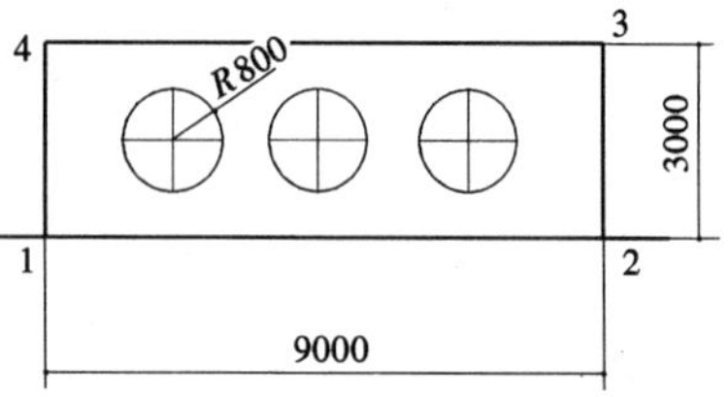

命令：AREA

指定第一个角点或 [对象（O）/加（A）/减（S）]：a   进入加模式

指定第一个角点或 [对象（O）/减（S）]：捕捉 1 点

图 8 - 7　面积测量

指定下一个角点或按 ENTER 键全选（"加"模式）：捕捉 2 点

指定下一个角点或按 ENIER 键全选（"加"模式）：捕捉 3 点

指定下一个角点或按 ENTER 键全选（"加"模式）：捕捉 4 点

指定下一个角点或按 ENTER 键全选（"加"模式）：捕捉 1 点

指定下一个角点或按 ENTER 键全选（"加"模式）：多边形角点指定完毕。

面积 = 28000000，周长 = 24000

建筑总面积 = 28000000

指定第一个角点或 [对象（O）/减（S）]：S   进入减模式

指定第一个角点或 [对象（O）/加（A）]：O   选择对象方式测量面积

（"减"模式）选择对象：   选择第一个圆

面积 = 2010691，圆周长 = 5028   显示第一个圆测量结果

总面积 = 24989381

选择对象：　　　　　　　　　选择第二个圆

面积 = 2010691，圆周长 = 5028　　显示第二个圆测量结果

总面积 = 22988861

选择对象：选择第三个圆

面积 = 2010691，圆周长 = 5028　显示第三个圆测量结果

总面积 = 20968142

上例是对规则图形进行测量，但在设计中常常会出现许多不规则图形，那么这些图形应如何测量其面积呢？

通常先使用 BOUNDARY（简写为"BO"），从封闭区域创建多段线或面域，然后再测量多段线或面域的面积，请看下例：

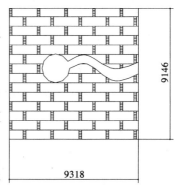

图 8－8　不规则面积测量示例

【例 8－5】　绘制图 8－8.dwg，测量图中填充图形的面积。

命令：BO

弹出图 8－9 的"边界创建"对话框中用拾取点的方式选择封闭区域。

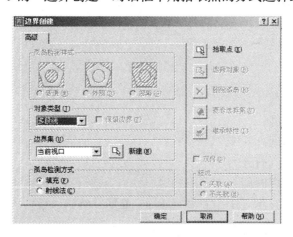

图 8－9　"边界创建"对话框

BOUNDARY

选择内部点：点取封闭区域内一点

正在选择所有对象…

正在选择所有可见对象…

正在分析所选数据…

正在分析内部孤岛…

选择内部点：

已提取 1 个环。

已创建 1 个面域。

BOUNDARY 已创建 1 个面域。

命令：AA

AREA

指定第一个角点或〔对象（O）/加（A）/减（S）〕：O

选择对象：选择新创建的面域。

面积＝88432911，周长＝52869　得到面域的测量结果

总面积＝88432911

注意：

（1）对于一条多段线，无论它封闭与否，其面积都相同，但周长不同。

（2）图块不能用于测量面积、周长，但可用 BOUNDARY 命令生成闭合多段线或面域后再测量。

8.3.5　查询时间

1. 命令的调用

命令：TIME

菜单：工具→查询→时间

2. 命令及提示

命令：TIME

当前时间：

图形编辑次数

上次更新时间：

累计编辑时间：

经过机时器（打开）：

下次自动保存时间：

输入选项〔显示（D）/打开（ON）/重复（OFF）/重置（R）〕：

8.4　使用计算器

为了方便绘图时的计算需要，AutoCAD 提供了计算器命令，可进行数学表达式的运算，并且此命令还可透明使用。

1. 命令调用

命令：CAL

命令及提示：

命令：CAL

表达式：

2. 参数

表达式：算术表达式可以是实数和下列运算符所组成的函数。

算术运算符包括：+（加），-（减），*（乘），/（除），（ ）（括号），

（乘方）。

除了可以进行算术计算，计算器还能完成矢量计算，在表达式中更可使用多种函数。

【例 8-6】 绘制一个半径为 $98 \div 3 \times 2$ 的圆。

命令：C

CIRCLE 指定圆的圆心或

[三点（3P）/两点（2P）/相切、相切、半径（T）]：点取圆心

指定圆的半径或 [直径（D）]：'cal↙　　　　透明使用计算器功能

表达式：$98/3 \times 2$↙

64.6668

圆绘制完毕。

8.5　清除无用图形

对图形中不用的块、层、线型、文字样式、标注样式、形、多线样式等对象，可以通过 PURGE 命令进行清理，以减少图形占用空间。

1. 命令调用

命令：PURGE

菜单：文件→绘图实用程序→清理

2. 命令及提示

命令：PURGE

输入要清理的未使用对象类型

[块（B）/标注样式（D）/图层（LA）/线型（LT）/打印样式（P）/形（SH）/文字样式（ST）/多线样式（M）/全部（A）]：

输入要清理的名称〈*〉：

是否确认每个要清理的名称 [是（Y）/否（N）]〈Y〉：

3. 参数选项及含义

（1）块（B）：　　　　　　　　清除未使用的块。

（2）标注样式（D）：　　　　　清除未使用的标注样式。

（3）图层（L）：　　　　　　　清除未使用的图层。

（4）线型（LT）：　　　　　　清除未使用的线型。

(5) 打印样式 (P)：　　　　　清除未使用的打印样式。

(6) 形 (SH)：　　　　　　　清除未使用的形。

(7) 文字样式 (ST)：　　　　清除未使用的文字样式。

(8) 多线样式 (M)：　　　　　清除未使用的多线样式。

(9) 全部 (A)：　　　　　　　将以上未使用的对象全部清除。

(10) 输入要清理的名称〈＊〉：输入要清理的对象名称，如果不输入名称，直接回车则依次提示可以清理的对象。

(11) 是否确认每个要清理的名称　［是 (Y) /否 (N)］〈Y〉：是否在清理该对象前提示以便确认。如果回答 "Y" 将要求确认，回答 "N" 则不要求确认而直接清理。

8.6　图形选项设置

在绘图过程中，除了以前介绍的绘图工具设置，还有一些设置与绘图紧密相关，这类设置放置在 "选项" 对话框的 9 个选项卡中，如图 8 – 11 所示。

我们可以选取下拉菜单中 "工具→选项"，弹出 "选项" 对话框。下面我们将一些常用的选项设置给大家做扼要的介绍。

8.6.1　显示选项卡 （图 8 – 10）

该选项卡用来自定义 AutoCAD 显示。常用的选项含义如下：

(1) 图形窗口中显示滚动条：在绘图区的右侧和下方显示滚动条。

(2) 命令行窗口中显示的文字行数：设置命令显示的文字行数。

(3) 颜色：设置屏幕上各区域的颜色。

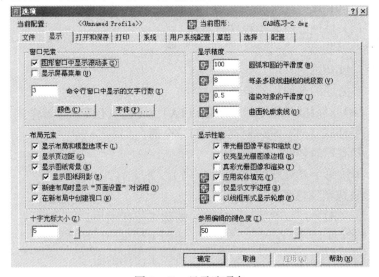

图 8 – 10　显示选项卡

（4）十字光标大小：设置十字光标的大小。该数值代表十字光标与屏幕面积的百分比。

（5）显示布局和模型选项卡：在绘图区下方显示布局和模型选项卡。

8.6.2 文件选项卡（图8－11）

在该对话框中可以指定文件夹，供 AutoCAD 搜索不在缺省文件夹中的文件，如字体、线型、填充图案、菜单等。

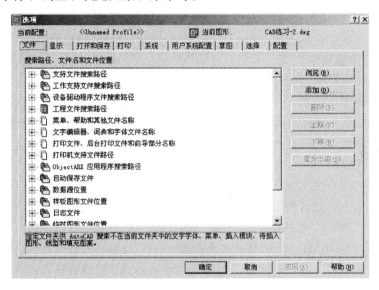

图8－11 显示选项卡

8.6.3 打开和保存选项卡（图8－12）

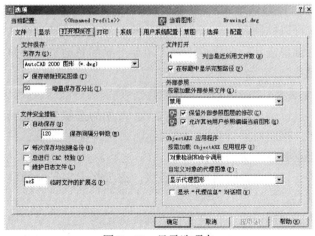

图8－12 显示选项卡

该选项卡用来控制图形文件的保存方式及存放位置。常用的选项含义如下：

（1）保存微缩预览图像：保存时同时保存微缩预览图像。

（2）自动保存：设置是否允许自动保存。自动保存是保护图形文件安全最重要的手段之一，通常在一定时间间隔后自动保存当前文件到一个临时文件夹中（缺省为"C：\TEMP"目录），文件后缀为"SV＄"，如需要使用此文件时，直接将文件后缀改为"DWG"即可。

（3）保存间隔分钟数：设置自动保存的时间间隔。

（4）每次保存均创建备份：保存时同时创建后缀为 BAK 的备份文件。

8.6.4 打印选项卡

该选项卡用来控制打印的相关选项。常用的选项含义知下：

（1）新图形的缺省打印设置：控制新图形的缺省打印设置。这同样也用于在以前版本的 AutoCAD 中创建的、没有保存为 AutoCAD 2000 格式的图形。

（2）新图形的缺省打印样式：控制所有图形中的打印样式的相关选项。

8.6.5 系统选项卡

常用的选项含义如下：

（1）单图形兼容模式：指定在 AutoCAD 中启用单图形界面（SDI）还是多图形界面（MDI）。如果选择此选项，AutoCAD 一次只能打开一个图形。如果清除此选项，AutoCAD 一次能打开多个图形。

（2）显示"启动"对话框：控制在启动 AutoCAD 时是否显示"启动"对话框。可以用"启动"对话框打开现有图形，或者使用样板、向导指定新图形的设置或重新开始绘制新图形。

（3）允许长文件名：决定是否允许使用长符号名。命名对象最多可以包含255个字符。

8.6.6 用户系统配置选项卡

该选项卡可以控制在 AutoCAD 中优化性能的选项。常用的选项含义如下：

自定义右键单击：一些用户习惯于用单击鼠标右键来代替回车键，可通过此按钮进行设置。

8.6.7 草图选项卡（图 8–13）

该选项卡可以指定许多基本编辑选项。常用的选项含义如下：

（1）标记：控制对象捕捉标记的显示。开启对象捕捉后，在十字光标移过对象上的捕捉点时显示对象捕捉位置。

（2）磁吸：打开或关闭自动捕捉磁吸。磁吸将十字光标的移动自动锁定到最近的捕捉点上。

（3）自动捕捉标记大小：设置自动捕捉标记的显示尺寸。捕捉框越大越醒目，但对复杂图形来说，捕捉框太大可能带来选点不准的问题。

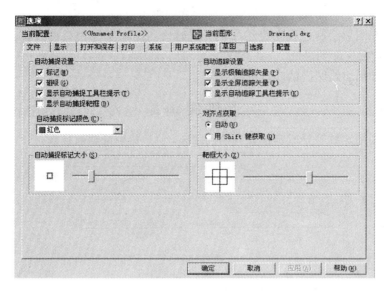

图 8 – 13 草图选项卡

8.6.8 选择选项卡

该选项卡可以控制与对象选择方法相关的设置。常用的选项含义如下：

(1) 先选择后执行：是否可以在调用一个命令前先选择对象。

(2) 用〈Shift〉键添加到选择集：在用户按〈Shift〉键并选择对象时，向选择集中添加或从选择集中剔除对象。

(3) 拾取框大小：控制 AutoCAD 拾取框的显示尺寸。

(4) 启用夹点：控制在选中对象后是否显示夹点。

(5) 未选中（选中）夹点颜色：设置未被选中（被选中）的夹点的颜色。

(6) 夹点大小：控制 AutoCAD 夹点的显示尺寸。

配置选项卡

该选项卡可以将当前设置命名保存，并可删除、输入、输出、重命名配置，可以将选择的配置设定为当前配置，也可以重置为缺省设置。

思 考 题

1. 设计中心具有哪些功能？如何利用设计中心打开和插入文件？

2. 如何利用设计中心查找一个 3 月初建立的设计图形文件？

3. 在一个图形文件中包含 5 个有利用价值的图层，如何把它们复制到一个新图中？

4. 如何测量不规则的封闭区域面积？

5. 欲知屏幕上某点的坐标，应如何操作？

6. 是否任何图层、文字样式、标注样式都可以清理？为什么？

7. 在图形绘制过程中突然死机，这时恰巧图形文件很久没有存盘，如何做可以使损失降到最低？

8. 如何将绘图区的底色设为白色？

上 机 实 训 题

1. 利用定数等分或定距等分绘制图 8 – 14，并测量圆弧长度

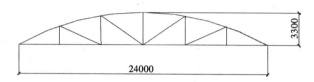

图 8 – 14

2. 新建一个图形，利用设计中心完成图 8 – 15。将第 6 章［例 6 – 1］的柱块"Z1000.dwg"的图块、第 7 章图 7 – 31 的标注样式、文字样式插入到当前文件中，并测量阳台面积。

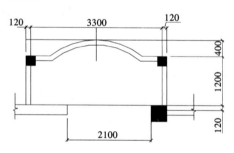

图 8 – 15　阳台大样

3. 按以下坐标绘制点，点需明确显示，绘制多段线，测量的线条总长和最远两点距离，并将以文字形式标于图中（6 分）。坐标点如下：

（1）点：$X = 22183.638$　　$Y = 10863.355$　　$Z = 0.000$

（2）点：$X = 22185.588$　　$Y = 10861.880$　　$Z = 0.000$

（3）点：$X = 22188.808$　　$Y = 10862.903$　　$Z = 0.000$

（4）点：$X = 22189.608$　　$Y = 10865.985$　　$Z = 0.000$

（5）点：$X = 22180.995$　　$Y = 10868.320$　　$Z = 0.000$

（6）点：$X = 22182.803$　　$Y = 10868.134$　　$Z = 0.000$

（7）点：$X = 22188.984$　$Y = 10880.654$　$Z = 0.000$

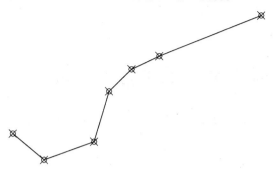

第9章 建筑施工图的绘制

建筑施工图包括建筑施工平面图、立面图、剖面图、大样图等图样。其重点是表现墙、柱、梁、板、门窗、屋顶、阳台等构件的绘制，常用方法是调用 AutoCAD 的二维绘图命令绘出建筑物各层构件的投影线，最后再加上标题栏、图表、尺寸标注、文字说明等。

本章以某住宅别墅施工图为实例，介绍建筑施工图的绘制方法。

9.1 建筑平面图的绘制

9.1.1 制作绘图模板

各类制图包括土木工程制图、建筑制图都有各自的一些行业规定，AutoCAD 的缺省样图包括图形边界设定、单位的设置、图层、线型、颜色、字型、图块、尺寸标注等命令参数初值的设定。我们可根据建筑工程专业的需要来设定其绘图环境，将其保存，作为模板供以后绘制同类专业图使用。

1. 设置绘图界限

假定我们要绘制一幅 A3 的图纸，作图时一般按实物 1:1 的比例绘在图纸上，出图时再按一定比例进行缩小。假定按 1:100 的比例出图。A3 的图纸尺寸为 420mm×297mm。其操作步骤如下。

命令：LIMITS

重新设置模型空间界限

指定左下角点或 ［开（ON）/关（OFF）］（0 .0000，0.0000）

指定右上角点或 ［420.0000/297.0000］：42000，29700

命令：Z

ZOOM

指定窗口角点，输入比例因子（ *nx* 或 *nxP* ），或

［全部（A）中心点（C）动态（D）范围（E）上一个（P）窗口（W）］（实时）：a

正在重新生成模型。

2. 设置绘图单位

选择格式→单位命令，或在命令行下输入 Units，弹出图形单位对话框如图 9

－1（a）对话框，点击方向弹出 9－1（b）对话框。在该对话框中，对图形单位各项参数进行设定，最后单击确定按钮完成本次工程绘图单位的设置。

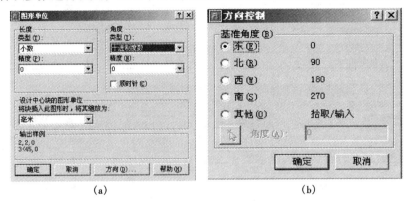

(a)   (b)

图 9－1　绘图单位对话框

（a）长度、角度对话框；（b）方向对话框

3．规划图层

单击 ▤ 按钮，弹出图层属性管理对话框，单击对话框中的【新建（N）】按钮，创建新图层，在新图层名 Layer1 、Layer2……改为所需设置的图层名。如图 9－2。

图层的命名、线型命名、颜色设置可按表 9－1 进行设置，其具体操作方法见本书第 3 章。

表 9－1　文件图层及线型标准

图 层	线 型	颜色	线宽（A1、A2）	线宽（A3）	绘 图 对 象
Dote	Center	1	0.13	0.05	轴线
Wall	Continue	4	0.5	0.3	墙
Window	Continue	5	0.13	0.05	门窗、防火卷帘
Column	Continue	6	0.5	0.3	柱
Stair	Continue	2	0.19	0.1	踏步、楼梯、电梯、汽车坡道
Text	Continue	7	0.25	0.15	文字说明
Window－text	Continue	7	0.25	0.15	门窗编号
Axis	Continue	3	0.19	0.1	轴线标注
Pub－dim	Continue	3	0.19	0.1	尺寸标注
Pub－title	Continue	3	0.19	0.1	图框
Fur	Continue	3	0.19	0.1	家具
Lvtry	Continue	3	0.19	0.1	洁具、橱具
Tree	Continue	3	0.19	0.1	树
Green	Continue	3	0.19	0.1	绿化及环境设施
Other	Continue	7	0.25	0.15	散水、阳台、地台分界线

图 层	线 型	颜色	线宽（A1、A2）	线宽（A3）	绘 图 对 象
Roof	Continue	2	0.25	0.15	屋面及屋面设施
Solid	Continue	254	0.13	0.05	柱及墙体填充
Hatch1	Continue	5	0.13	0.05	纹理填充
Hatch2	Continue	9	0.13	0.12	点填充

图 9-2　图层、线型、颜色设置

技巧提示：

（1）图层划分的越细，对我们以后编辑修改、显示隐藏对象更方便。

（2）线型命名

建筑工程图中的各个部分需要用实线、虚线、点划线等不同的线型，因此必须为每个图层的图形设置各自所需的线型。

（3）宽在图层设置可用默认缺省，具体线宽可在打印图时设置。

4. 文本格式设置、尺寸标注格式设置（见第 5 章）

设置好建筑工程图 A3 图纸的模板后，将此模板存盘为 JZMBA3.dwt 文件，以备以后作样图时调用。

9.1.2　建筑平面图的绘制

完成图形环境的设置，我们就可以开始绘制建筑单位平面图。在绘制之前我们应明确绘图的大致思路：

（1）使用直线（line）命令绘制出墙体的定位轴线。

（2）使用（Mline）命令在这些定位轴线上绘制建筑的墙体。

（3）最后利用"块"（Nblack）的特性在建筑的墙体上插入门、窗、柱。

（4）利用"阵列"（Array）绘制楼梯。

（5）利用"设计中心"（Design center）布置厨房、卫生间。

（6）标注尺寸、输写文字。

（7）加图框、写标题栏，打印图形。

绘图结果如图9－3。

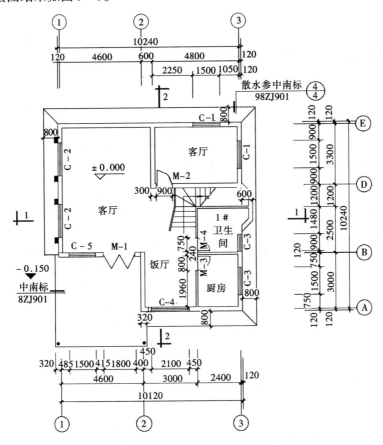

一层平面图 1:50

图9－3 小别墅一层平面图

1. 绘制建筑单元的墙体轴线

先打开模板文件 JZMBA3，在此基础上进行具体绘图。在绘制墙体轴线之前，首先应将轴线 Dote 图层设置为当前图层，使轴线的绘制和编辑始终处在该层上，以便于以后图形管理和修改。然后使用直线命令在屏幕适当的地方绘制两条十字交叉的轴线，最后使用偏移命令将其偏移得到轴线网。其步骤如下：

命令：LINE 指定第一点 A ✓	画水平轴线起点 A。
指定下一点或［放弃（U）］：B ✓	画水平轴线端点 B。
指定下一点或［闭合（C）/放弃（U）］：✓	回车。
命令：LINE 指定第一点 C ✓	画垂直轴线起点 C。
指定第一点或［放弃（U）］：D ✓	画垂直轴线端点 D。
指定下一点或［闭合（C）/放弃（U）］：✓	回车。

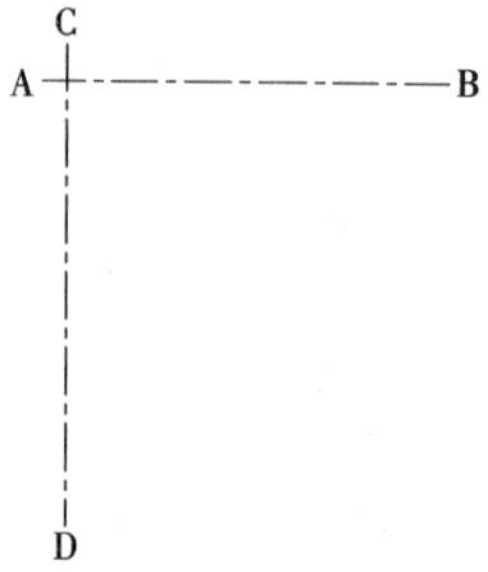

经过上述操作绘出图9－4所示轴线粗图。

再用Offset（偏移复制）命令、Copy（复制）、Move（移动）等命令绘制轴线。图示用Offset（偏移复制）命令将每一次偏移得到的轴线向上依次偏移，最后完成纵向轴线的创建，用同样的方法可画出横向轴线，见9－5所示轴线图。

提示：

用户在绘制轴线时，有时在绘制区中未能显示轴线的线型，这是由于线型比例过小或过大的原因，用户可以通过格式→线型命令，打开线型管理器对话框，如图9－6打开对话框显示细节按钮，可设置全局比例因子，对线型的比例进行

图9－4 轴线粗图

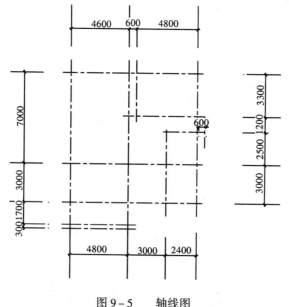

图9－5 轴线图

调整。本例是将对话框中的全局比例因子（Global scale factor）框中的参数改为 100。

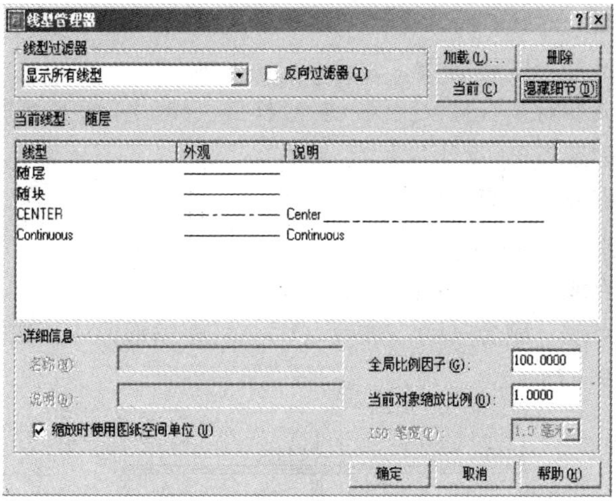

图 9-6　线型管理器对话框

或在命令行输入

命令：LTSCALE　　　　　　　　　　激活 Ltscale 命令。

输入线型比例因子〈1.0000〉100　　　输入新的比例因子。

正在重生成模型。　　　　　　　　　图形按新的比例因子重新生成。

2. 绘制墙体

绘制轴线后，可采用 Mline 来绘制建筑的墙体线。Mline 是具有一定宽度的多条平行线组成的绘图元素，利用这种特征可以方便地绘制建筑制图中的墙体线，大大地提高绘图效率。若墙线与轴线不是处于对称位置，用 Mline 不太方便，可用轴线定位，再用 offset 命令绘制。

（1）绘制墙厚 = 200mm 的墙

选择  按钮或在命令行输入 Mline1 命令，在轴线上绘制建筑的外墙。其步骤为：将［墙体 Wall］图层设置为当前图层，设置 Mline 样式，具体绘图步骤如下：

命令：MLINE↙

当前设置：对正 = 上，比例 = 20.00，样式 = STANDARD

指定起点或［对正（J）/比例（S）/样式（ST）］：j↙

输入对正类型［上（T）/无（Z）/下（B）］：z↙

当前设置：对正 = 上，比例 = 20.00，样式 = STANDARD

指定起点或［对正（J）/比例（S）/样式（ST）］：s↙

输入多线比例〈20.00〉：200 ✓

当前设置：对正 = 上，比例 = 20.00，样式 = STANDARD

指定起点或［对正（J）/比例（S）/样式（ST）］：

正在恢复执行 MLINE 命令。

指定起点或［对正（J）/比例（S）/样式（ST）］：打开捕捉模式，在图形绘制区中用光标选择 P1 点作为起点。

指定下一点或［放弃（U）］：✓

指定下一点：（指定 P2 点）

指定下一点或［放弃（U）］：（指定 P3 点）✓

指定下一点或［闭合（C）/放弃（U）］：（在图形区中依次指定各点）✓

结果如图 9 – 7 所示。

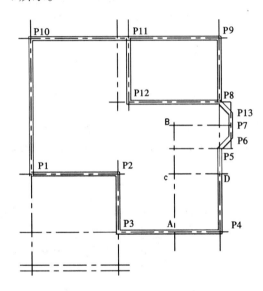

图 9 – 7 墙厚 = 200 的布置图

技巧提示：

P5、P6、P7、P8、P13 为楼梯间外墙，P5、P6 点画法应用相对坐标@600，600 确定其位置。P9、P13 应用相对坐标@600，– 600 确定其位置。

（2）绘制墙厚 = 120mm 的内隔墙

按图 9 – 7 所示选择轴线 A 交点，将比例（S）设置 = 120，具体绘图步骤如下。

命令：MLINE ✓

当前设置：对正 = 上，比例 = 20.00，样式 = STANDARD

指定起点或［对正（J）/比例（S）/样式（ST）］：s✓

输入多线比例〈20.00〉：120 ↙

当前设置：对正＝上，比例＝20.00，样式＝STANDARD

指定起点或［对正（J）/比例（S）/样式（ST)］：

正在恢复执行 MLINE 命令。

指定起点或［对正（J）/比例（S）/样式（ST)］：打开捕捉模式，在图形绘制区中用光标选择 A 点作为起点。

指定下一点：（指定 B 点）↙

指定下一点或［放弃（U)］：（指定 P7 点）↙

指定下一点或［闭合（C）/放弃（U)］：↙

用同样的方法绘制 CD。

结果如图 9 - 8 所示。

（3）编辑墙线

在绘出墙线后，还需对墙线进行编辑，如墙线的接头、断开、延伸、删除等。用 MLINE 命令绘制的平行线可用 MLEDIT 来编辑。从图 9 - 8 可以看到，接头有图 9 - 10（a）、图 9 - 10（b）两种形式。对于平行多线不同的接头形式，MLEDIT 命令给出了相应的编辑形式。执行 MLEDIT 命令，屏幕弹出图 9 - 10 对话框，在修剪图 9 - 11（a）时，选择"T型"连接工具，修剪图 9 - 11（b）形式，用角点结合工具。命令详细含义见本书第 4 章 4.6.3 多线编辑。

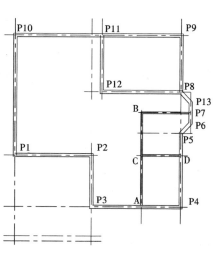

图 9 - 8　墙厚＝120 布置图

下面讲述操作步骤：

命令：MLEDIT 或

单击图 9 - 9"多线编辑工具"对话框

选择第一条多线：点取直线 1

选择第二条多线：点取直线 2

选择第一条多线或［放弃（U)］：↙

结果如图 9 - 10（a）。

单击"多线编辑工具"对话框

选择第一条多线：点取直线 1

选择第二条多线：点取直线 2

选择第一条多线或［放弃（U)］：↙

结果如图 9 – 10 (b)。

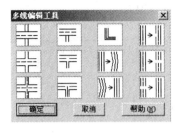

图 9 – 9 "多线编辑工具"对话框

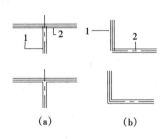

(a)   (b)

图 9 – 10 接头形式编辑图

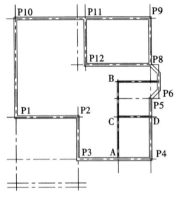

图 9 – 11 墙线编辑

提示：为显示清楚 T 形交叉墙线编辑结果，可将［轴线］图层关闭。对于多线编辑不能修剪的可用 EXPLODE（炸开）命令将其炸开，方可用 TRIM（修剪）、EXTEND（延伸）等命令编辑。墙线修剪结果如图 9 – 11 所示。

（4）门窗绘制

建筑工程平面图中门窗表示方法不同于其他构件，所以在绘图时，应专门为门窗设置门窗图层。各个门窗在形式上基本相同，但尺寸各异。绘图时可将这种仅有大小变化的图形物体，绘制成图块，以便多次调用，提高绘图效率。

1）门洞和窗洞边界的绘制

在插入门窗图块之前，往往要对墙线进行修剪，留出要插入门窗和门洞的位置。一般情况下，门窗的位置总是与轴线的位置相平行，因此门洞和窗洞边界可用 Offset 命令进行偏移复制，在得到门洞和窗洞边界，然后把边界中间的墙线用 Trim 命令修剪掉即可。

用 Offset 命令绘制出的门洞和窗洞边界仍保持轴线特性，需用 Matchprop（或用 🖌 工具条）将其特性匹配为墙的特性。其操作步骤如下：

命令：OFFSET

指定偏移距离或［通过（T)］〈当前值〉：925

选择要偏移的对象或〈退出〉：选定 E 轴线

指定点以确定偏移所在一侧：下侧

选择要偏移的对象或〈退出〉: ↙

命令: OFFSET

指定偏移距离或［通过 (T)〕〈当前值〉: 1900

选择要偏移的对象或〈退出〉: 选定刚复制的边界轴线

指定点以确定偏移所在一侧: 下侧

选择要偏移的对象或〈退出〉: ↙

门洞和窗洞的修剪

命令: TRIM

 当前设置: 投影 = UCS 边 = 无

 选择剪切边…

 选择对象: 窗选所有门窗边界线

 选择对象: ↙

 选择要修剪的对象或［投影 (P) /边 (E) /放弃 (U)〕: 点选修剪边界之间的墙线

 选择要修剪的对象或［投影 (P) /边 (E) /放弃 (U)〕: …

继续点选修剪边界之间的墙线

选择要修剪的对象或［投影 (P) /边 (E) /放弃 (U)〕: ↙

门洞和窗洞边界的特性匹配

命令: MATCHPROP

选择源对象: 选择要复制其特性匹配源 (墙线特性)

当前活动设置: 当前选定的匹配特性设置

选择目标对象或［设置 (S)〕: 点选门窗边界线, 改变所选取边界为墙线特性

留出门洞和窗洞边界如图 9 – 12。

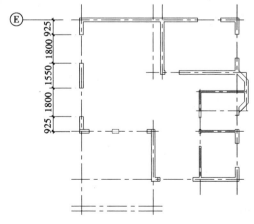

图 9 – 12　门洞和窗洞边界的绘制

2）门窗图块的制作

在绘图空白区域内先绘制一定大小的门窗图形，本例门宽为1000、窗宽为1000、厚为200,然后再把作好的图形用 Wblock（写图块）命令分别写入 win－1.dwg、door－1.dwg 的图块文件，以供插入门窗时选用。为了插入时方便定位，绘制标准窗时，一般将插入点选取在标准窗左侧或右侧中点处，绘制门时，一般将插入点定于门弧线的中心点。

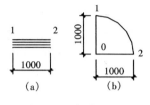

图 9－13　门窗图形

窗的绘制步骤：

命令：LINE 指定第一点✓　　　　　　　选定 1 点。

指定下一点或［放弃（U）］：@1000, 0✓　　输入 2 点坐标。

指定下一点或［放弃（U）］：✓　　　　回车结束选择。

命令：OFFSET

指定偏移距离或［通过（T）］〈当前值〉：200/3 输入偏移距离。

选择要偏移的对象或〈退出〉：选择要偏移的对象（直线 12）。

指定点以确定偏移所在一侧：　选择下侧。

选择要偏移的对象或〈退出〉：选择要偏移的对象（刚复制的直线）。

指定点以确定偏移所在一侧：　选择下侧 。

选择要偏移的对象或〈退出〉：选择要偏移的对象（刚复制的直线）。

指定点以确定偏移所在一侧：　选择下侧。

选择要偏移的对象或〈退出〉：✓　回车结束选择 。

结果如图 9－13（a）。

门的绘制步骤：

命令：LINE 指定第一点✓　　　　　　　选定 0 点。

指定下一点或［放弃（U）］：@0, 1000✓　输入 1 点坐标。

指定下一点或［放弃（U）］：✓　　　　回车结束选择。

命令：LINE 指定第一点✓　　　　　　　打开捕捉，选定 0 点。

指定下一点或［放弃（U）］：@1000, 0✓　输入 2 点坐标。

指定下一点或［放弃（U）］：✓　　　　回车结束选择。

命令：ARC

指定弧的起点或［圆心（C）］：　　　　输入选项 C。

指定弧的圆心：　　　　　　　　　　　选取圆心 0。

指定弧的起点：　　　　　　　　　　　选取起点 1。

指定弧的端点或［角度（A）/弦长（L）］：选取端点 2。

结果如图 9－13（b）。

绘制好门窗图形后，在命令行输入 Wblock（写图块）命令，制作门窗图块操作步骤见本书第6章。

3）插入图块

门窗插入时可采用 Insert（单个插入）、Minsert（阵列插入）、Divde（等分插入）、Measure（等距插入）等多种方式，本例因为各个门窗的间距各不相同，只有用 Insert（单个插入）命令来操作。

用 Insert 命令插入图块的基本步骤是先在图9－14所示的对话框输入图块名称，再选择好插入图块的长、宽、厚比例系数，如 $C-2$ 窗，$X=1.9$，$Y=1$，角度 $A=90$，最后用捕捉在屏幕上选择插入点即可。

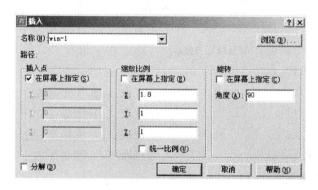

图9－14　图块插入

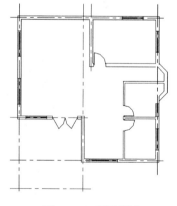

图9－15　门窗插入

技巧提示：

对于双开门，可用镜像命令，不删除原图形，对于内开、外开则可通过镜像命令，删除原图形。

门窗插入后结果如图9－15。

（5）柱的绘制

柱是建筑框架结构的受力点，它位于各墙线的交点处。其形状一般为圆形或方形，而且通常填充为实心。本例墙内矩形柱子尺寸为柱 $400×200$、外墙装饰柱为 $300×200$，圆形柱半径为100，内部填充。柱在平面图中分布较多，且柱的中心点与轴线的交点不完全重合，本例根据图的特点，将柱的图块插入点1、2不同做二种矩形块，如图9－16（a）、图9－16（b），圆形柱采用圆环（DOUNT）命令，将内圆半径设为0，外圆半径设为100，如图9－16（c）。因圆形柱不多，可采用复制命令绘制。

1）立柱的绘制

切换到立柱图层

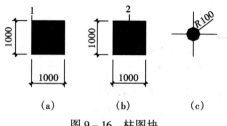

图 9 - 16 柱图块

命令：RECTANGE 或 □

指定第一个角点或［倒角（C）/标高（E）/圆角（F）/厚度（W）］：

点取（a）图矩形左下角点

指定另一个角点：@1000，1000↙　确定右上角点。

命令：SOLID↙

指定第一点：　　　　　　　　　点取（a）图矩形左下角点。

指定第二点：　　　　　　　　　点取（a）图矩形右下角点。

指定第三点：　　　　　　　　　点取（a）图矩形左上角点。

指定第四点〈退出〉：　　　　　点取（a）图矩形右上角点。

命令：COPY↙

选择对象：　　提示选择欲复制的对象，选择（a）图 。

选择对象：↙　回车结束选择。

指定基点回位移，或者［重复（M）］：　指定复制基点（左下角点），

指定位移的第二点或〈用第一点作位移〉：指定位移的第二点。

2）图块制作

命令：WBLOCK

执行 WBLOCK 命令，弹出 9 - 17 对话框。

选择对象：选取对象（a）

指定拾取点：1 点

取块名：Z1

用同样的方法可制作图块 Z2，指定拾取点：2 点

3）块的插入

命令：INSERT

执行 INSERT 命令，弹出 9 - 18 对话框。

输入块名称：Z1

输入缩放比例：$X = 0.4$，$Y = 0.2$，

在屏幕上选择插入点捕捉点与 1 重合。

图 9 – 17　"写块"对话框

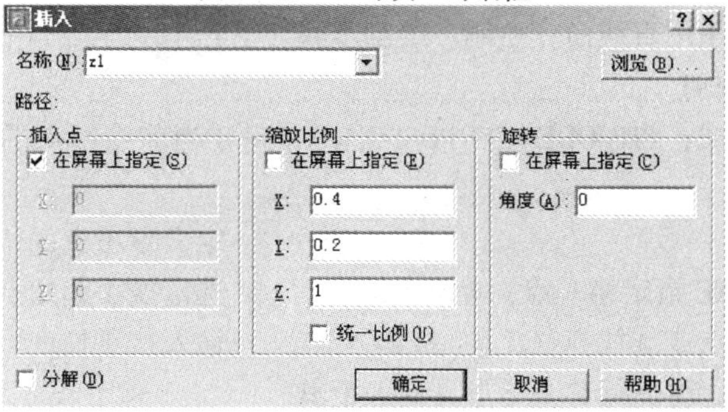

图 9 – 18　插入块对话框

按确定。

用同样的方法可插入图块 Z2，在屏幕上选择插入点捕捉点与 2 点（如图 9 – 19）重合。

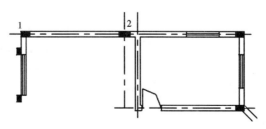

图 9 – 19　柱图块插入图

外墙装饰柱插入时，$X = 0.2$，$Y = 0.3$，角度（A）$= -90°$，块名选择 Z1。

插入所有柱后如图9－20。

（6）楼梯绘制

建筑工程图中的楼梯较为简单，只需在楼梯间墙体所限制的区域内按设计位置绘出踏步线即可。在楼梯线绘制过程中会使用折断线、上下行箭头等标准图形，可以事先将其绘制作成图块以便在绘制过程中调用。

该实例楼梯如图9－21为家用双跑楼梯，踏步宽290，高170，转角处夹角为30度。其中图9－21（a）为底层楼梯，图9－21（b）为标准层楼梯，图9－21（c）为顶层楼梯。绘图前，在对象特性工具栏中，单击图层控制框右侧的按钮，在图层下拉列表框中单击〔楼梯〕图层，把该层设置为当前图层。

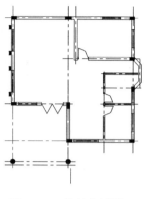

图9－20　柱的布置图

1）绘制一层楼梯扶手

该楼梯扶手用直线命令绘制。绘制步骤如下：

命令：POINT

当前点模式：PDMODE＝33 PDSIZE＝3.000 0 当前绘制点的显示模式和大小。

指定点：	定义参考点的位置1。
命令：LINE 指定第一点：@50，0✓	选定扶手起始点。
指定下一点或〔放弃（U）〕：2140✓	输入扶手长度。
打开正交，将光标移至2点，输入距离。	
指定下一点或〔放弃（U）〕：50✓	输入扶手宽度。
将光标移至左边，	输入距离。
指定下一点或〔闭合（C）/放弃（U）〕：2140✓	输入扶手长度，
将光标移至上方，	输入距离。

2）踏步绘制

命令：LINE 指定第一点：　　　打开端点捕捉，选定直线起始点。

指定下一点或〔放弃（U）〕：　打开垂直捕捉，选定直线第二点。

命令：ARRAY✓

弹出图9－22对话框，选择矩形阵列。

其操作步骤如下：

①选择矩形阵列；

②修改行数量（5）与列数量（1）；

③输入行偏移：290；

214

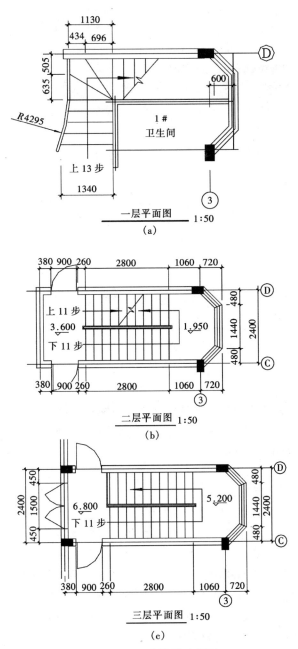

图 9-21 双跑楼梯示意图

④输入列偏移：0；

⑤输入阵列角度：0；

⑥选择对象：选取绘制的踏步线；

⑦选择对象：↙

用同样的方法可绘制另一方向的踏步线，转角处的踏步线可用带 90°120° 的构造线绘制，再用 Trim 命令进行修剪。

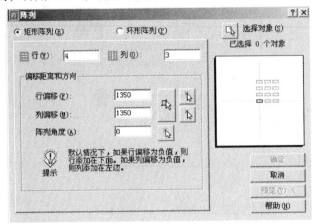

图 9 – 22　矩形阵列

技巧提示：

对于踏步数不多的，也可用复制（COPY）、偏移复制（OFFSET）等命令绘制。

3）楼梯图中折断线

踏步绘制完后，还需绘出上下行箭头、折断线、标高等内容。对于折断线可绘制一条 45°直线，之字行、标高可先绘制成块采用插入的方法绘制。

4）箭头可采用以下步骤绘制

命令：PLINE

指定起点：点取起点

当前线宽为 0.000 0：当前线宽为 0。

指定下一点或［圆弧（A）/闭合（C）/半宽（H）/长度（L）/放弃 (U) /宽度（W）］：W

指定起点宽度〈0.000 0〉：100　　　线宽起使宽度为 100。

指定端点宽度〈100.000 0〉：0　　　线宽终止宽度为 0。

指定下一点或［圆弧（A）/闭合（C）/半宽（H）/长度（L）/放弃 (U) /宽度（W）］：200 长度为 200。

指定下一点或［圆弧（A）/闭合（C）/半宽（H）/长度（L）/放弃 (U) /宽度（W）］：↙

（7）厨房卫生间的布置

建筑工程制图中，厨房、卫生间是需要用建筑平面大样图来重点表现的部位，其主要绘制内容为固定设备和地面处理。

A. 厨房卫生间固定设备的绘制

厨房卫生间固定设备已有很多专业软件将其作成图块，绘图时可以直接调用。如果图库中没有此类图块，也可以调用二维绘图命令的方法绘出后，将其存为图块文件，作为自己的图库。图块插入的方法与门窗图块插入的方法相同。只需适当选取插入点、各方向的比例系数、旋转角度即可。

1）厨房固定设备

我们先在图库中寻找是否有此类图形文件，打开 AutoCAD 2002 \ SAMPLE \ Design Center 子目录下的文件 Kitchens.dwg，发现有如图 9 – 24（a）、图 9 – 24 （b）所示的厨房设备可以使用于本例。

用 Distance 命令可以测得图 9 – 23（a）的尺寸为 762 × 660，而本例的厨房炉灶宽度为 550，经计算插入比例 X、Y 方向均为 0.83（为保证图形的基本形状，最好 X、Y 方向的比例系数应一致），插入点选图形的右上角点，旋转角度为 – 90°。

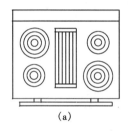   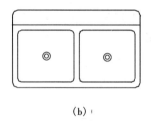

（a）   （b）

图 9 – 23 厨房固定设备块

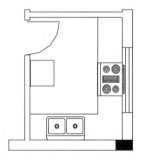

同样测得图形 9 – 23（b）的尺寸为 914 × 533，可直接插入，插入点选在图形左下角点，旋转角度为 – 180°。

将图 9 – 23（a）、图 9 – 23（b）按照上述设置插入建筑平面图的厨房中，插入固定设备的厨房如图 9 – 24 所示。

2）卫生间固定设备

卫生间的固定设备同样要在 AntoCAD 2002 \ SAMPLE \ Design Center 子目录下查找，分别打开文件 Kitchens.Dwg 和 House Design.dwg，可以找到如图 9 – 25 所示的图形。

图 9 – 24 插入固定设备的厨房

测得图 9 – 25（a）尺寸为 1524 × 914，将图移至卫生间，用拉伸（STRETCH）命令拉至所需位置；

测得图 9 – 25（b）尺寸为 533 × 835，将图旋转角度为 – 90°，移至卫生间。

测得图 9 – 25（c）尺寸为 626 × 464，将图移至卫生间适当的位置。

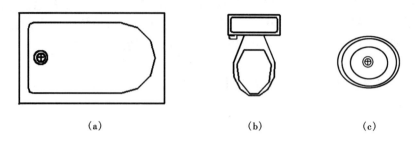

（a）　　　　　　　　　（b）　　　　　　　　（c）

图 9 – 25　卫生间固定设备

当然，卫生间的常用设备浴缸、马桶等设备也可以根据不同的房间布置需求，用二维绘图命令率先来绘制这些图形，作成图块存入自己的专业化图库中，在插入平面图时调用即可。上述插入卫生间固定设备的操作结果如图 9 – 26 所示。

B. 地面处理

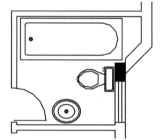

图 9 – 26　卫生间设备图

厨房、卫生间的地面一般都作防水的贴面处理，在平面图中都采用示意性的分格来表示，这就要用到 Hatch（填充）命令。AutoCAD 提供了多种填充图案，可以用标准样式进行填充，也可以自定义填充图案。本例采用标准图案填充。

①厨房地面填充

激活 Hatch（填充）命令后，将弹出如图 9 – 27 所示边界图案填充对话框，在该对话框中可以选择填充图案 ARB88、填充比例 1∶30 和转角 0 等。

填充结果如图 9 – 28 所示。

②卫生间地面填充其方法类似。

（8）尺寸标注

尺寸标注是建筑工程绘图必不可少的组成部分，在 AutoCAD 中有多种不同的尺寸标注格式，但适用于建筑工程制图的只有其中的少数几种格式。

建筑工程制图中遇到的尺寸标注类型基本上都属于标注直线长度、弧线长度、角度、直径、半径等标注类型，这些类型只需几个简单的命令就可以完成。实际上对广大的用户来说，使用 AutoDCAD 尺寸标注最大的困难不在于如何标注尺寸，而在于如何设置尺寸标注的样式和环境。

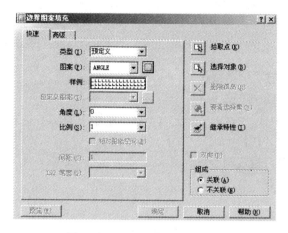

图 9 - 27　Hatch（填充）对话框

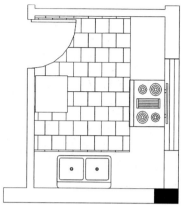

图 9 - 28　厨房地面添充

1）尺寸线定位

打开 ADD 层，作辅助线，如图 9 - 29，L1 表示轴线标注的起点位置，L2 表示第一排水平尺寸线位置，L3 表示第一排水平尺寸线位置，L4 表示第二排水平线位置，L5 表示第三排水平尺寸线位置；S1 表示轴线标注符号起点位置，S2 第一排铅垂尺寸线位置，S3 第二排铅垂尺寸线位置。

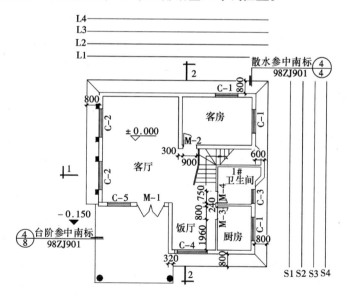

图　9 - 29

2）绘制定位轴线号

打开轴网层，作轴线标注符号，其中末端的圆圈直径为 800 或 1000，可用两点定圆绘制。

用命令 DTEXT 定义文字。

命令：DTEXT

当前文字样式：STAND，当前文字高 300

指定文字的起点或［对正（j）/样式（s）］：j

输入选项［左上（TL）/中上（TC）/右上（TR）/左中（ML）/正中（MC）/右中（MR）/左下（BL）/中下（BC）/右下（BR）］：mc

指定文字中间点：打开捕捉，指定圆心

指定高度：450

指定文字输入角度〈0〉：

输入文字：1

命令：COPY

选择对象： W 用窗口选。

选择对象：↙ 回车结束选择。

指定基点获位移，或者［重复（M）］：m 选择多重复制。

指定基点：捕捉第一条轴线的交点。

指定位移的第二点或〈用第一点作位移〉：捕捉其他轴线的交点。

结果如图 9-30。

3）修改轴线标注符号

命令：DDEDIT（简写：ED）

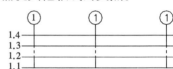

图 9-30 绘制定位轴线号

选者注释对象或［放弃（U）］：

弹出编辑文字对话框，将 1 修改为 2
用同样的方法修改其他轴线号。

图 9-31 编辑轴线号

4）尺寸标注样式的设置及标注

详见第 7 章。

（9）文字说明

除了图形之外，平面图中还需要一些文本信息才能完整表达设计意图，即汉字的施工说明。

文字输入方法详见第 5 章。

9.2 建筑立面图的绘制

建筑施工图包括总平面图、立面图、剖面图和详图等。一般先画平面图，再画其他图样。上一节介绍了平面图的绘制方法，本节将以图 9 – 32 所示的立面图为例，介绍如何在已经画出的平面图基础上，绘制立面图。

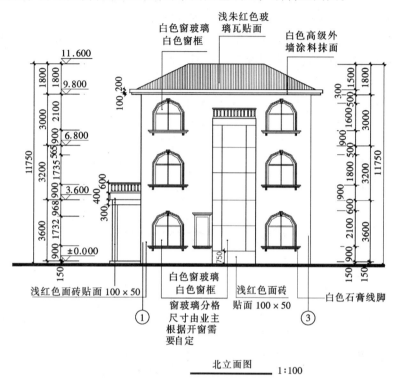

图 9 – 32　立面图

画立面图时，一般可将门窗、檐口、阳台、栏杆等细部事先画好，创建为图块，需要时将它们插入到图中。画立面图的基本顺序是：规划图层、画主要轮廓线、再插入门窗、楼梯等图块，最后绘制细节。

9.2.1　制作绘图模板

与绘制平面图一样，我们可根据立面图的需要来设定其绘图环境、规划图层、线型、颜色、字型、图块、尺寸标注等命令参数初值的设定，将其保存，作为模板供以后绘制同类专业图使用。

立面图的图线有 4 种宽度，一般将粗、中、细 3 种实线画在不同的图层上，通过图层的线宽或图线颜色控制打印宽度。地坪线为特粗线，数量较少，一般将其画为一定宽度的多段线，按该宽度打印出图。

其操作步骤与9.1.1类似。

9.2.2　绘制建筑立面图

由于立面图的轮廓线主要是中实线，我们先将轮廓线画到"中实线"层上，最后将外轮廓线改到"粗实线"层上。立面细部通常为细实线。

完成图形绘制环境的设置，就可以开始绘制建筑立面图。9.1节我们介绍了平面图的绘制方法，本节以某别墅的南立面图9-32为实例，利用"长对正"画立面图。然后用构造线、偏移、修剪等命令绘制。在绘图的过程中应着重注意建筑的轮廓创建方法以及二维绘图、编辑命令综合使用。

下面是作图步骤：

（1）将图9-3，关闭尺寸、文字图层，将其旋转-90°，其旋转后的平面图如图9-33所示。

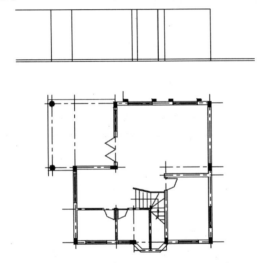

图9-33　画一层主要轮廓线

（2）用极轴、对象捕捉、自动追踪、直线、偏移、生成一楼的主要轮廓线，如图9-34所示。

（3）画台阶、入口，如图9-34所示。

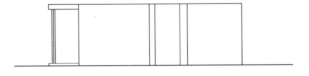

图9-34　画台阶、柱子、雨棚

（4）将门窗、套等立面细部制作成图块如图9-35所示，用极轴、对象捕

222

捉、自动追踪插入窗图块，图块基点在其左下角。

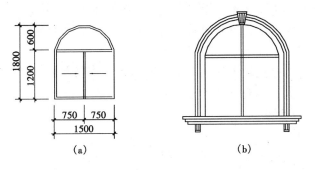

图 9 – 35   C – 1 窗

（5）将图 9 – 36（a）阳台细部图制作成图块，用阵列（或复制）形成阳台如图
9 – 36（b）。

（6）楼梯间采用玻璃幕墙，用等分、极轴、对象捕捉、自动追踪等命令绘制。

（7）绘制外轮廓线，填充屋顶。

（8）写文字、标注标高、标注尺寸。结果如图 9 – 32 所示。

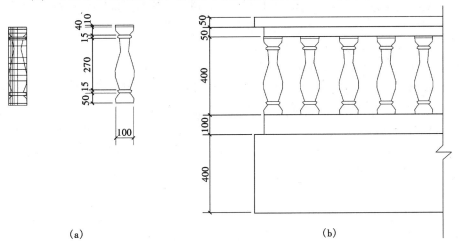

图 9 – 36   阳台立面的绘制

9.3   建筑剖面图的绘制

建筑剖面图表示建筑物在垂直方向上房屋各部分的组合关系。剖面图主要
分析建筑物各部分应有的高度、建筑层、建筑空间的组合利用，以及建筑剖面
中的结构与构造关系等。它和房屋的使用、造价和节约用地等有密切关系，也
反映了建筑标准的一个方面。

建筑剖面图与平面图、立面图相比，除了楼梯、栏杆等少数构件没有相同或相似的结构外，主要结构都相同或相近。例如墙线、剖切到的门窗的剖面图与平面图相同，可见门、窗的剖面图与立面图相同。因而只要掌握了平面图、立面图的画法以后，就不难绘制剖面图。

建筑施工详图是用较大比例，详细表达建筑物局部形状、尺寸、用料等。这些图形状变化大，填充符号多，需用较高的作图技巧。

9.3.1 剖面图的绘制

1. 一般方法

一般情况下设计师在绘制剖面图时采用的方法是利用 AutoCAD 系统提供的二维绘图命令绘制剖面图。这种绘图方法简单实用和传统绘图方法的思路类似，而且从时间和经济效益上来讲都比较划算。使用这种方法绘图的基础是建筑的平面图和立面图已经完成。

2. 三维模型法

三维模型法是以现有平面图为基础，基于建筑立面图提供的标高、层高和门窗等相关设计资料，将未来剖面图中将剖到或看到的部分保留，然后从剖切纤维只把与剖示方向相反的部分删去从而得到剖面图的三维模型框架。使用三维模型框架绘制剖面图工作烦琐、效率低下，一般不采用。

本节采用一般方法绘制剖面图。

9.3.2 剖切位置与绘制内容

建筑剖面图的剖切位置应该在最能反映建筑空间结果关系的部位，比如主要楼梯部位、错层部位、空间变化和结构复杂的地方。

建筑剖面图的主要内容包括被剖切的部分和由于剖切而可见的部分。被剖切部分一般包括墙体和楼梯等内容。所有剖面图中所涉及到的内容都可以运用 AutoCAD 系统提供的二维绘图命令实现。

9.3.3 剖面图绘制实例

画完平面图、立面图以后，就可以利用"高平起、宽相等"画剖面图，这样可以减少尺寸的输入量，提高作图效率。即使在一章图纸上只需打印一个图，也可将他们一起绘制，打印时再分别打印。画剖面图与立面图基本相同，也应当先画主要轮廓线、楼梯、栏杆等，再画细节，最后画材料图例。下面以图 9 - 37 某别墅楼梯剖面图为例进行讲解。

作图步骤如下：

(1) 使"轴线"层为当前层，绘制楼层轴网如图 9 - 38 所示。

(2) 捕捉交点画墙体。

(3) 插入门窗图块。

(4) 画楼梯平台、楼梯底线。

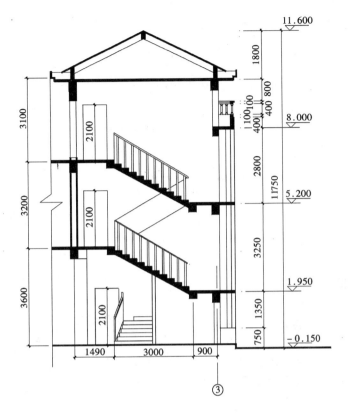

楼梯间剖面图 1:50

图9-37 某别墅剖面图

（5）绘制楼梯踏步，打开正交工具，画楼梯线 *AB*、*BC* 及扶手，如图9-39用复制命令的"重复（M）"选项或阵列命令，生成其他楼梯线，剖面部分用 solid 填充。

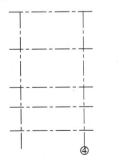

图9-38 剖面图轴网示意图

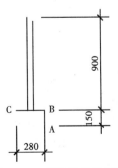

图9-39 楼梯踏步示意图

(6) 绘制其他细部。

(7) 标注尺寸, 写文字。

9.4　建筑大样图的绘制

虽然在多数情况下, 可以选用通用图集中的画法, 只需图集号即可, 但由于新材料、新工艺的不断出现, 建筑设计人员应当掌握墙体、屋面、楼梯等大样图的绘制方法。如图 9 – 40 屋面大样图。

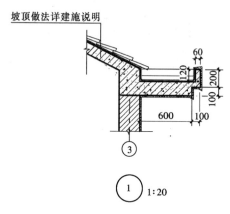

图 9 – 40　屋顶天沟大样图

画这种大样图有两种基本方法:

(1) 利用偏移、修剪命令、追踪、正交工具等进行绘制。

(2) 也可利用剖面图原尺寸, 剪切局部进行细部绘制。

注意:

1. 绘制时也可调用样板或建立图层、文字样式、尺寸样式。

2. 绘图界限设置可根据图的大小进行设置。

3. 尺寸样式设置应注意比例及文字高度的设定。

思　考　题

1. 如何设置和保存建筑模板? 其文件名和一般的绘图文件名有什么不同?

2. 建筑施工图中常见图样有哪些? 其常用比例是多少?

3. 简述建筑平面图中各构件常用的线型。

4. 定位轴线编号直径一般是多少? 详图编号呢?

5. 如何通过设计中心调用其他图纸的图层、尺寸标注、图块?

上　机　实　训　题

设置 A3 建筑绘图模板, 在模板的基础上绘制:

(1) 图 9 – 3 建筑平面图

(2) 图 9 – 32 建筑立面图

(3) 图 9 – 34 建筑剖面图

(4) 图 9 – 37 屋顶大样图

第10章 图纸布局与打印输出

在 AutoCAD 中图形绘制完成后，通常将其打印在绘图纸上或是其他文件上，以满足工程设计、施工及图形文件交换的需要。下面我们通过实例，讲解图形布局打印操作过程。

10.1 模型空间、图纸空间与布局的概念

10.1.1 模型空间的使用与特点

模型空间是创建和编辑图形的三维空间，用户的大部分绘图和设计工作都是在模型空间中完成的。我们前面所做的图形操作，都是在模型空间中进行的。在模型空间中，位于绘图区左下角的坐标系图标（UCS 图标），如图 10 – 2 所示。一般在模型空间的工作包括：

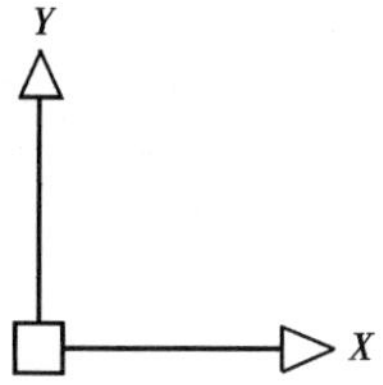

（1）进入模型空间：当启动 AutoCAD 后，默认处于模型空间，绘图窗口下面的"模型"卡是激活的；而图纸空间是关闭的。

图 10 – 1　模型空间的 UCS 图标

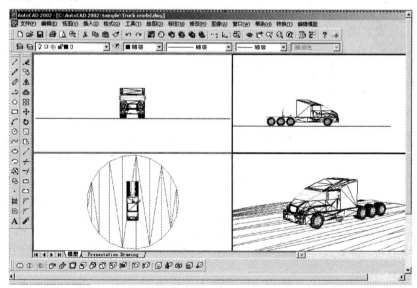

图　10 – 2

227

（2）设置工作环境：即设置尺寸、记数格式和精度、绘图范围、层、线型、线宽以及作图辅助工具等。

（3）建立编辑模型：按物体的实际尺寸，绘制、编辑二维或三维实体。

（4）建立多个视口：为了能全方位展现模型对象，除了可以用显示控制类命令，还可以使用"模型空间多视口（VPORTS）"命令在绘图窗口设置多个视口，每个视口表示图形的一部分或模型对象的一种显示形式，如图 10 - 2。

10.1.2　图纸空间的使用与特点

图纸空间的"图纸"与真实的图纸相对应。图纸空间是设置、管理视图的 AutoCAD 环境。

图纸空间就好比是一张图纸的二维空间，它与模型空间完全无关。我们可以在图纸空间创建浮动视口，用来显示模型空间的图形。在图纸空间中，位于绘图区左下角的坐标系图标（UCS 图标），如图 10 - 3 所示。

在图纸空间中，可以在不同方位显示视图，并按合适的比例在"图纸"上表示出来；还可以定义图纸的大小，生成图框和标题栏。模型空间中的三维实体在图纸空间中是用二维平面上的投影来表示的，因此图纸空间是一个二维环境。

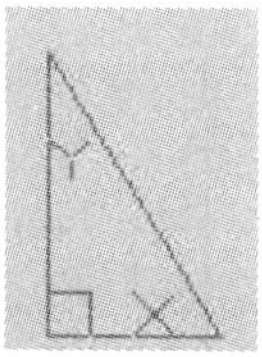

人们在模型建立好后，即要进入图纸空间，规划视图的位置与大小；也就是将在模型空间中不同视角下产生的视图，或具有不同比例因子的视图在一张图纸上表现出来。一般在图纸空间的工作包括：

图 10 - 3
图纸空间
的 UCS 图标

（1）单击状态行的"模型"按钮，即可进入图纸空间；

（2）设置图纸大小；

（3）生成图框和标题栏；

（4）建立多个图纸空间视口与图纸之间的比例关系；

（5）进行视图的调整、定位和注释。

10.1.3　布局的概念

布局是 AutoCAD 2000 新增的一个内容。所谓布局就是一个已经指定了页面大小及打印设置的图纸空间。在布局中，可以创建和定位浮动视口，添加标题栏等，通过布局可以模拟图形打印在图纸上的效果。

图 10 - 4　模型选项卡与布局选项卡

通过绘图区左下角的"模型"选项卡与"布局"选项卡方便地进行绘图空间的转换，如图 10 - 4 所示。

在布局中，我们还可以在激活浮动视口的模型空间中工作。在图纸空间状态下，双击浮动视口，即可激活视口，进入模型空间工作，在非视口区双击左键，即可回到图纸空间。通过单击状态栏中模型/图纸切换按钮也可以方便地转换绘图空间。

10.1.4 模型空间与图纸空间的关系

我们可以这样理解模型空间、图纸空间和浮动视口的关系：如图 10 – 5 所示，图纸空间是一张图纸，浮动视口是在图纸上剪开的一个孔洞，通过它我们可以看见模型空间的图形。

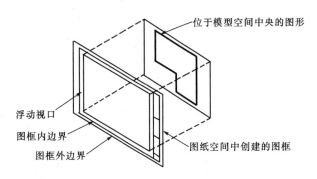

图 10 – 5　模型空间、图纸空间和浮动视口的关系

10.2　新建布局

下面以图 10 – 6 屋顶平面及大样图所示的例子为线索讨论如何进行图纸布局和打印输出。

在 AutoCAD2002 中，有 4 种方法新建布局：

（1）使用"布局向导（LAYOUTWIZARD）"命令循序渐进地创建一个新布局。

（2）使用"来自样板的布局（LAYOUT）"插入基于现有布局样板的新布局。

（3）单击布局标签，利用"页面设置"对话框创建一个新布局。

（4）通过设计中心，从图形文件或样板文件中把建好的布局拖入当前图形中。

10.2.1 "布局向导"的激活方式

（1）从"插入"下拉单栏中选择"插入—布局—布局向导"选项；

（2）命令：LAYOUTWIZARD。

10.2.2 使用"布局向导"创建布局的过程

为加深对布局的理解，下面我们分别用第一种和第三种方法创建新布局。

【例 10 – 1】　使用布局向导，为图形 10 – 6 创建一个 A3 图纸的新布局。

（1）打开图形 10 – 6，将"视口"图层设为当前图层，从下拉单栏中选择

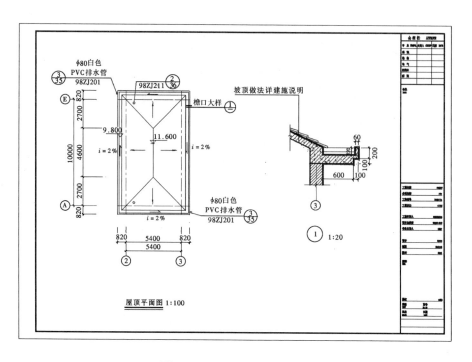

图 10-6　屋顶平面及大样图

"插入—布局—布局向导"选项，弹出"创建布局—开始"对话框，如图 10-7 所示。

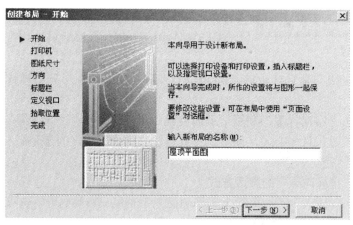

图 10-7　"创建布局—开始"对话框

（2）在"输入新布局名称"栏中键入"屋顶平面图"，然后单击下一步按钮，屏幕出现"创建布局—打印机"对话框如图 10-8 所示。

（3）为新布局选择一种配置好的打印设备，然后单击下一步按钮。屏幕出

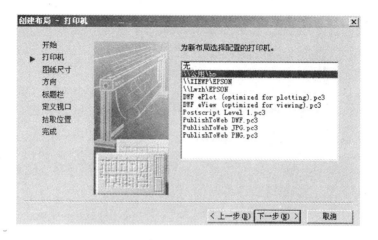

图 10 - 8　"创建布局—打印机"对话框

现"创建布局—图纸尺寸"对话框。如图 10 - 9 所示。

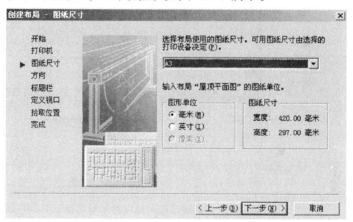

图 10 - 9　"创建布局—图纸尺寸"对话框

（4）选择图形单位为"毫米"，图纸尺寸为"ISOA3（420.00mm ×
297.00mm）。单击下一步按钮，屏幕出现"创建布局—方向"对话框，如图 10
- 10 所示。

（5）确定图形在图纸上的方向为"横向"，单击下一步按钮，屏幕出现
"创建布局—标题栏"对话框，如图 10 - 11 所示。

（6）选择文件"ISO A3 Architectural title block.dwg"，将其中绘制好的边框、
标题栏输入到当前布局中来，可以指定所选的文件是作为块插入，还是作为外
部参照引用。单击 下一步 按钮，屏幕出现"创建布局—定义视口"对话框，
如图 10 - 12 所示。

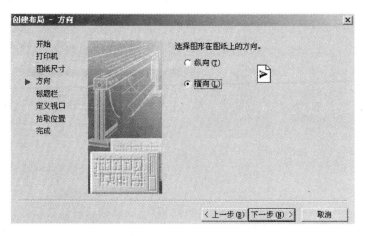

图 10-10　"创建布局—方向"对话框

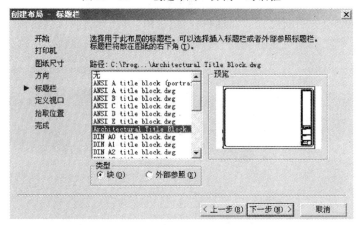

图 10-11　"创建布局—标题栏"对话框

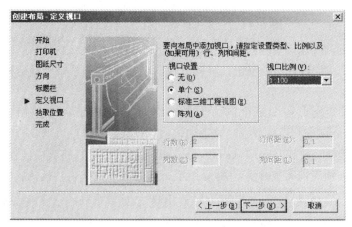

图 10-12　"创建布局—定义视口"对话框

（7）设置新建布局中视口数目为"单个"，视口比例为1:100，即把A3图纸放大100倍，倍显示在视口中。单击 下一步 按钮，出现"创建布局—拾取位置"对话框，如图10-l3所示。

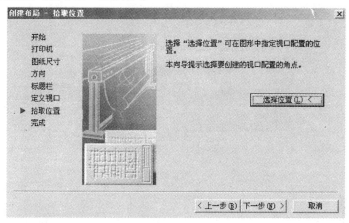

图10-13　"创建布局—拾取位置"对话框

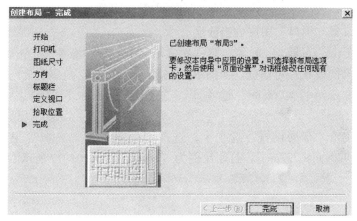

图10-14　"创建布局—完成"对话框

（8）单击选择位置对话框按钮，AutoCAD切换到绘图窗口，指定两个对角点来确定视口的大小和位置，然后返回对话框。单击下一步按钮，出现"创建布局—完成"对话框，如图10-14所示。

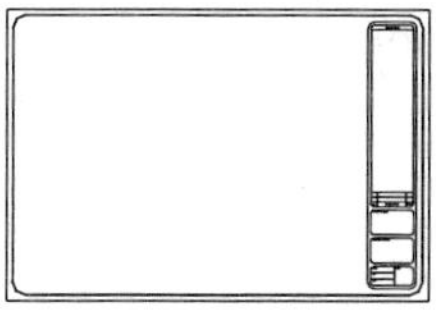

（9）单击完成按钮，结束新布局的创建，一个包含图纸页面大小、视口、图框和标题栏的布局出现在屏幕上，如图10-15所示。

（10）用移动命令将错位的图框移入图纸，并将其放到"图框"图层中。

图10-15　创建的新布局

（11）为了在布局输出时只打印视图而不打印视口边框，可以将视口边框所在图层冻结或设置为不可打印。

【例 10 – 2】 利用"页面设置"对话框为图形 10 – 16 创建一个新布局。

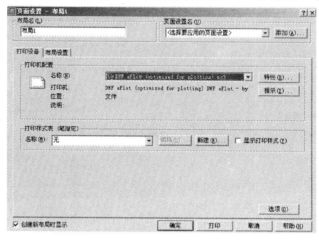

图 10 – 16　"页面设置"对话框

（1）设置"视口"图层为当前层。

（2）单击"布局 1"标签。第一次激活"布局 1"标签时，AutoCAD 会自动弹出"页面设置"对话框，如图 10 – 16 所示。

（3）单击"打印设备"选项卡，在打印机名称下拉列表中选择""DWF. eplot. pc3"。

（4）单击"布局设置"选项卡，选择图纸单位为"毫米"，图纸尺寸为"ISO A3（420mm × 297mm），打印比例为"1:1"，如图 10 – 17 所示。

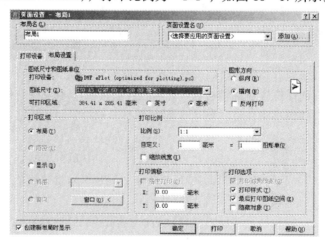

图 10 – 17　"布局设置"选项卡

（5）单击确定按钮，进入"布局1"，完成创建，如图10-18所示，其中的虚线矩形框是可打印区域，如果需要调整可打印区域，可在图10-16的打印机特性按钮中进行设定。

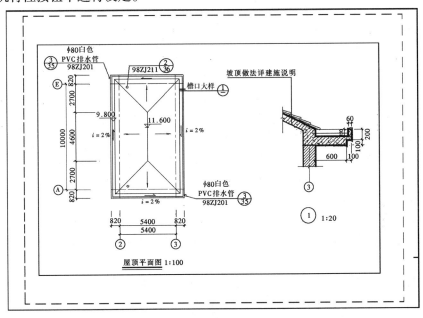

图10-18　页面设置完成后的"布局1"

（6）与〔例10-1〕相比，布局中少了图框和标题栏，我们可用设计中心插入，视口的显示比例也没有经过指定，但可用下一节介绍的方法控制其显示比例。

技巧提示：

通常我们可在模型空间中用"块"插入自设的图框和标题栏，把图框、标题栏当成图形的一部分。

10.3　为布局创建浮动视口

用布局向导创建的布局往往是单一视口或相同大小的视口阵列，在实际工作中常常根据需要增加新视口，以反映模型空间中不同的视图。

10.3.1　创建浮动视口命令

1.命令调用

命令：- VPORTS

菜单：视图→视口→一个视口

按钮："视口"工具栏中的

2.命令及提示

命令： – VPORTS

指定视口的角点或

[开（ON）/关（OFF）/布满（F）/消隐出图（H）/锁定（L）/对象（O）/多边形（P）/恢复（R）/2/3/4]〈布满〉：

指定对角点：

正在重生成模型。

3. 常用参数及含义

指定视口的角点：指定创建视口的角点。

指定对角点：指定创建视口的对角点。

开：打开一个视口，将其激活并使它的对象可见。

关：关闭一个视口。如果视口被关闭，则其中的对象不被显示，用户也不能将此视口置为当前。

布满：创建充满可用显示区域的视口。视口的实际大小由图纸空间视图的尺寸决定。

锁定：锁定当前视口显示，使缩放（ZOOM）和平移（PAN）不能作用于当前视口。

对象：将指定的多段线、椭圆、样条曲线、面域和圆转换成视口。选定的多段线必须是闭合的且至少具有三个顶点。

多边形：用指定的点来创建不规则形状的视口。

另外，在"视口"工具栏中以下几个按钮均为视口创建工具：

▣ ：创建一个多边形视口。

▣ ：将闭合的对象转化为视口。

✄ ：将现有的视口边界重新定义。

10.3.2　创建浮动视口过程

下面我们在刚才新建的布局中，用新建视口命令增加两个视口，用来显示屋顶平面图和屋顶大样图。

【例 10 – 3】　在图形 10 – 6 中，新建的布局"屋顶平面大样"中增加两个视口，并调整其显示。

（1）设置"视口"图层为当前层。

（2）单击工具，在图纸区域中绘制下方的视口，如图 10 – 19 所示。

（3）双击新建的浮动视口区域，进入浮动视口的模型空间，被激活的视口边框会加粗显示，将"屋顶平面大样"图平移至视口中央。

（4）从"视口"工具栏的下拉列表中选择视口显示比例为 1:1，再将"屋顶平面大样"图平移至视口中央。注意：此时不要缩放图形，否则视口内图形的显示比例将会改变，这会导致输出图形的比例不正确。

（5）如果对视口的大小和位置不满意，可点击状态栏的 模型 按钮切换到图纸空间，用夹点编辑和移动命令对视口进行修改。

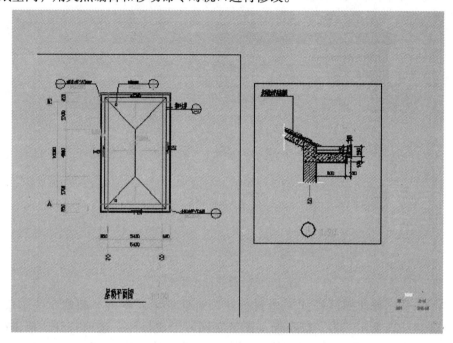

图 10－19　新建的两个视口

（6）重复步骤（2）至（4），新建上方的视口，并调整其显示。

10.3.3　文字高度与尺寸标注在视口中的比例适配

1. 文字高度适配

在模型空间输入文字时需要考虑打印的比例因子，以便在图纸上获得符合规范的文本字高。例如：绘制打印比例因子为 1:100 的图形时，在图中写入 50 个单位高的文字才能在最终图纸上得到 0.5mm 高的字。在图纸中如果有不同比例的图样，则每一比例图样都将有特定的文字高度规格。本例中图样标题要求输出字高为 5 mm，屋顶平面标题字高应为 100，屋顶大样的标题字高为 100，大样的标题字高为 50。

2. 尺寸标注外观大小适配

在尺寸标注上也同样存在上述比例问题，但值得庆幸的是，我们不必像修改文字高度一样逐个修改，只需打开标注样式中"调整"选项卡内的"按布局（图纸空间）缩放标注"选项，如图 10－18 所示。然后，在调整好显示比例的视口中对标注进行样式更新即可。

237

【例 10 – 4】 对〔例 10 – 3〕中各视口内的尺寸标注进行外观大小适配。

（1）单击"标注"工具栏的标注样式工具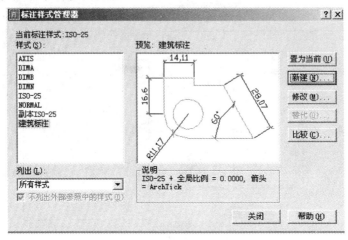，弹出"标注样式管理器"对话框，如图 10 – 20 所示，在"样式"列表中单击"建筑标注"，再单击置为当前按钮，然后单击修改按钮。

图 10 – 20　标注样式管理器

（2）在"修改标注样式…建筑标注"对话框中，单击"调整"选项卡，如图 10 – 21 所示，将"按布局（图纸空间）给放标注"选项打开。单击确定按钮回到"标注样式管理器"对话框，再单击关闭按钮，结束标注样式修改。

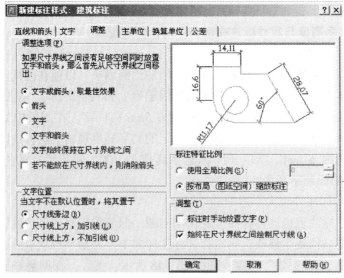

图 10 – 21　标注样式"调整"选项卡

（3）单击状态栏的 图纸 按钮，转换到视口模型空间，单击"屋顶平面大样"视口区域，激活该视口。

（4）单击"标注"工具栏的标注更新工具 。在视口中框选所有标注后按回车，即可见到标注的外观大小重新进行了调整。

（5）同法，依次对其他视口内的标注进行更新。

10.4 布局编辑

布局在创建后如需修改，可用右键点击布局选项卡，调出"布局编辑快捷菜单"进行相应的修改，如图 10 – 22 所示。

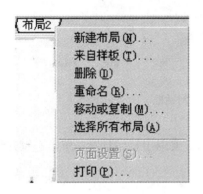

图 10 – 22 布局编辑快捷菜单

参数：

新建布局：创建一个新的布局选项卡，布局名会自动生成。

来自样板：从样板或图形文件中复制布局。样板或图形文件中的布局（包括此布局中所有几何图形）将被插入到当前图形。

删除：删除当前选中的布局，"模型"选项卡不能删除。

重命名：给当前布局重新命名，布局名必须唯一，最多可以包含 255 个字符。

移动或复制：改变当前布局的排列位置。如果选择创建副本复选框，则复制当前布局。

选择所有布局：选中本图形文件中的所有布局。

页面设置：调出"页面设置"对话框，可以对当前布局进行负面设置。

打印：调出"打印"对话框，可以对当前布局进行设置及打印。

10.5 打印图形

将布局中的视图调整、编辑好后，就可以把它打印输出了。

1. 命令的调用

命令：PLOT

菜单：文件→打印

按钮："标准"工具栏

命令执行后弹出如图 10 – 23 所示的"打印"对话框。

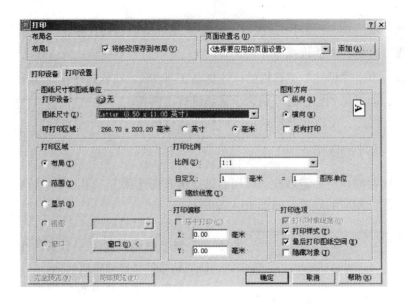

图 10 – 23　　"打印"对话框

2. 常用参数及含义

完全预览：以完全的打印效果预览图形。要退出打印预览，单击右键并选择"退出"。

部分预览：以线框方式预览图形。

打印设置选项卡

图纸尺寸：显示当前的图纸尺寸，可以从列表中选择一种当前打印机支持的图纸尺寸。

毫米：设定图纸单位为毫米。

比例：设定打印输出的比例，与"布局向导"中的比例含义不同。通常设置为 1:1，即按布局的实际尺寸打印输出。

自定义：可设定一个自定义比例。

纵向：图纸的短边作为图形页面的顶部。

横向：图纸的长边作为图形页面的顶部。

布局：打印指定图纸尺寸页边距内的所有对象。

打印设备选项卡

打印机名称：显示当前打印机，可以从列表中选择一种可用打印机。

打印样式名称：显示当前使用的打印样式表。

打印到文件：打印输出到文件而不是打印机。

文件名：指定打印输出的文件名。

位置：显示打印输出文件存储的目录位置，缺省的位置为图形文件所在的目录。

【例10-5】 将〔例10-4〕中做好的"屋顶平面大样"布局打印输出。

(1) 单击标准工具栏中的打印工具 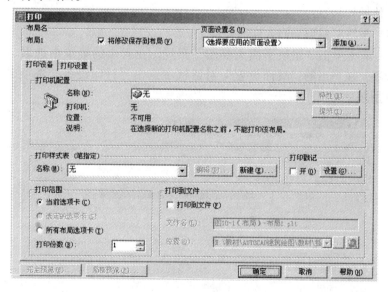，弹出"打印"对话框，如图10-23所示，将打印设置做如下调整：

将打印区域框内的"布局"选项打开

图纸尺寸设为"ISOA3（420mm×297mm）

图纸单位设为"毫米"

打印比例框内的比例设为1:1。

(2) 单击打印设备选项卡，如图10-24所示，将打印机名称设为"DWF.EPlot.Pc3"，

打印输出文件名为"屋顶平面大样.Dwf"。

(3) 单击完全预览图按钮，预览打印结果，然后单击右键，在弹出的菜单中选取"打印"选项即可。

(4) 打印出图。

图10-24 打印设备选项

10.6 用打印样式控制打印效果

在绘图中，我们常常用颜色来区别各类对象。在〔例10-5〕的打印过程中，如果想控制各种颜色图线的打印线宽和打印颜色，就需要使用打印样式表。

打印样式表是定义打印对象输出效果的控制集合，它可以控制各类对象的

打印颜色。

线型和线宽等效果。打印样式表文件（.stb 或 .ctb）保存在 AutoCAD 2002
安装目录下的 Plot Styles 子目录中，它可以独立于图形和打印机，也就是说，
我们可以把设定好打印样式表文件拷贝到另一台连接有输出设备的电脑上进行
输出。打印样式表一经创建，就可以在有需要的打印任务中调用，无需重新创
建。

下面我们用一个例子来说明如何创建和使用打印样式表。

【例 10－6】 以"屋顶平面大样"布局创建一个打印样式表，具体要求如
下：

（1）打印样式表名称为"黑白工程图打印样式"。

（2）所有颜色对象输出均设为黑色。

（3）颜色 1 线宽为 1.2 mm；颜色 2 线宽为 0.5mm；颜色 3 线宽为
0.15mm；颜色 5 线宽为 0.1mm；其余颜色线宽为 0.25mm。

（4）30 号颜色线型设为"长划短划"，31 号颜色线型设为"划"（虚线）。

具体操作如下：

（1）激活"屋顶平面大样"布局。

（2）右键单击"屋顶平面大样图"布局，在弹出的菜单中选取"页面设
置"选项，在弹出的"页面设置"对话框中点击"打印设备"选项卡，如图
10－25 所示。

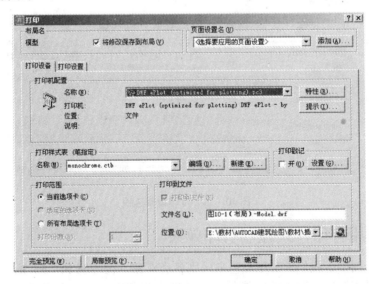

图 10－25 页面设置对话框的打印设备选项卡

（3）在打印样式表区中输入文件名为"monochrome"黑白工程图打印样式

242

打开，然后单击新建按钮（如果需要使用已有的打印样式表，可以从打印样式表名称列表中选择），弹出"添加颜色相关打印样式表—开始"对话框，如图10－26所示。

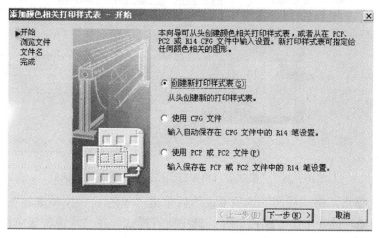

图 10－26   "添加颜色相关打印样式表—开始"对话框

（4）选择"创建新打印样式表"选项，单击下一步按钮，弹出"添加颜色相关打印样式表—文件名"对话框，如图10－27所示。

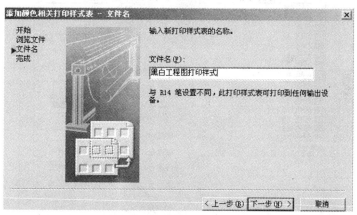

图 10－27   "添加颜色相关打印样式表—文件名"对话框

（5）输入文件名为"黑白工程图打印样式"，单击下一步按钮，弹出"添加颜色相关打印样式表—完成"对话框，如图10－28所示。

（6）选择"对当前图形使用此打印样式表选项，单击打印样式表 编辑 器按钮，弹出"打印样式表编辑器—黑白工程图打印样式 .ctb"对话框，如图10－29所示。

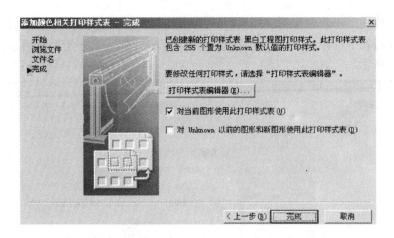

图 10 – 28 "添加颜色相关打印样式表—完成"对话框

(7) 单击"格式视图"选项卡，然后单击"颜色1"，拉动滚动条到最后，按住〈Shift〉键并单击"颜色255"，选中所有样式，在"特性"区中将颜色设为"黑色"，将线宽设为"0.25mm。

图 10 – 29 "打印样式表编辑器"对话框

(8) 单击"颜色1"，将其线宽设为"1.2mm"。

(9) 依次将"颜色2"的线宽设为"0.5 mm"；"颜色3"的线宽设为

"0.15 mm"；"颜色4"、"颜色5"的线宽设为"0.1mm"。

（10）单击"颜色30"，将线型设为"长划短划"，单击"颜色31"，将线型设为"划"。

（11）单击保存并关闭按钮完成设定，回到图10-28所示的对话框，单击完成按钮，回到如图10-25所示的"页面设置'对话框。

（12）单击确定按钮，此时在布局中显示的是应用了打印样式表后的外观效果，如图10-29所示，我们可以观察到图线的线宽和颜色均被修改了。

（13）点击打印按钮即可将图纸按打印样式表的要求打印输出。

在打印样式表的创建过程中，掌握打印样式表编辑器的使用是关键，在这里我们对它做一个简要说明。

主要参数：

基本选项卡

说明：显示当前打印样式表文件的说明。

向非 ISO 线形应用全局比例因子：在打印样式中可以对非 ISO 线型和填充图案应用全局比例因子。

格式视图选项卡

打印样式列表：显示与 1～255 号颜色相关的打印样式名称，右边的特性区内显示当前选择的打印样式特性。

特性区：显示当前选择的打印样式特性。

颜色：打印样式颜色的缺省设置是"使用对象颜色"。如果为打印样式分配颜色，则打印时使用分配的颜色，而不考虑对象的颜色。

特性区：可以选择颜色密度设置，决定 AutoCAD 打印时图纸上墨水的量，有效范围是 0 到 100。选择 0 表示将颜色削弱为白色，选择 100 将使颜色以最浓的方式显示。

线型：打印样式线型的缺省设置是"使用对象线型"。如果指定了打印样式线型，在打印时该线型将替代对象线型。

线宽：打印样式中线宽的缺省设置是"使用对象线宽"。如果为打印样式分配线宽，打印样式的线宽不考虑打印时对象的线宽。

填充样式：AutoCAD 提供下列填充样式的选项：实心、棋盘形、交叉线、菱形、水平线、左斜线、右斜线、方形点和垂直线。填充样式用于实体、多段线、圆环和 3D 面。

思 考 题

1. 请解释模型空间、图纸空间、布局和视口的概念与相互关系。

2. 布局中视口显示比例的含义是什么？

3. 如何在当前文件中调用某个图形文件的布局?

4. 同一图形能否在布局中的多个视口出现?

5. 布局中的虚线框是指什么区域?

上 机 实 训 题

绘制图 11 - 12,创建一个 A2 的布局,其中楼梯平面图、剖面图为 1∶100 大样图分别为 1∶20、1∶10。要求:

1. 所有颜色对象输出均为黑色。

2. 粗实线为 0.5mm,中实线为 0.25mm,细实线为 0.18mm。标注细线宽为 0.15mm。

3. 轴线为点划线。

第 11 章 AutoCAD 上机综合实训题

实训题一：基本命令工具条的功能及选项

要求：熟悉常用命令中英文含义、工具按钮及功能选项的含义。

1. 写出"绘图命令"的工具条和英文命令，并写出命令执行后的选项提示及含义。

工具图标	英文命令	缩写	命　令	功　　　能	选项
			直线	绘制直线段、折线和封闭多边形	
			参照线	生成两端没有端点的构造线	
			多线	绘制多条平行线	
			多段线	生成不同宽度的直线段和圆弧段相连的多段线	
			多边形	绘制正多边形	
			矩形	绘制矩形	
			圆弧	用多种方式绘制圆弧	
			圆	绘制圆	
			样条曲线	生成 B 样条曲线	
			椭圆	绘制椭圆或椭圆弧	
			插入块	插入图块或图形	
			创建块	定义块	
			点	在指定位置置点	
			图案填充	在一有界图形范围内进行图案填充	
			面域	根据图形创建一个面域	
			多行文字	书写多行文字	

2. 写出编辑命令的工具条和英文命令，并写出命令执行后的选项及含义。

工具图标	英文命令	简写	命　令	功　　　能	选项
			删除	对选中的图形对象进行删除复制	
			复制	对选中的图形对象进行镜像复制	
			镜像	对选中的图形对象进行镜像复制	
			偏移	生成与指定图形对象平行的新的图形对象	
			移动	移动图形对象	
			旋转	旋转图形对象	
			比例	按比例放大或缩小图形对象	
			拉伸	拉伸图形对象	
			拉长	改变图形对象的长度或角度	
			修剪	修剪图形对象	
			延伸	将图形对象延伸到指定位置	
			打断	删除图形对象中的一部分	
			倒角	在两个图形对象间用斜线连接	
			圆角	在两个图形对象间用圆弧连接	
			分解	将复杂图形对象分解为简单图形对象	

实训题二：基本绘图命令

要求：熟练、灵活运用 AutoCAD 的绘图、编辑命令。掌握坐标、距离角度、阵列、捕捉命令的绘制方法。

（1）绘制图示五角星。

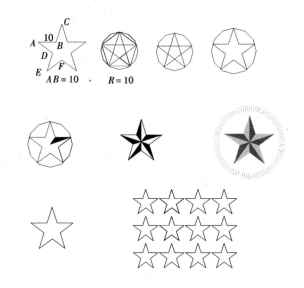

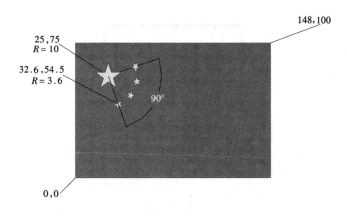

图 11-1

（2）几何作图。

（3）完成下列图形，按形状画出，不要求精确绘制。

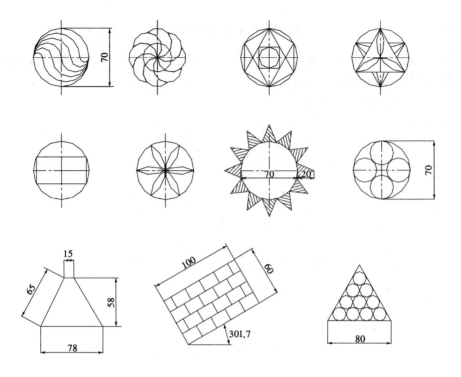

图 11-2

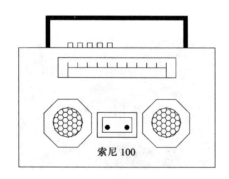

图 11-3

实训题三：对象特性的设置

要求：掌握绘图界限、绘图单位、图层线型、颜色、线宽的设置。

（1）建筑小立面的绘制，设置粗、中、细三个图层，设置红、黄、兰三个颜色，线宽可用缺省。

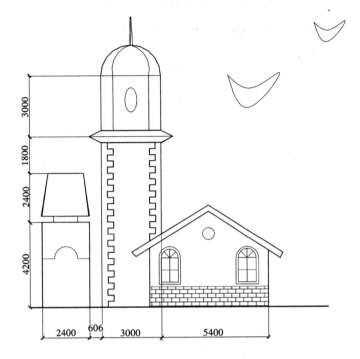

图　11－4

（2）设置图层、线型绘制图11－5的图形，尺寸自定，要求满足视图的关系。

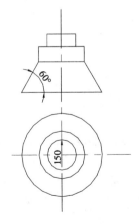

图　11－5

实训题四：定距等分与定数等分

（1）按图形尺寸用定距等分、定数等分精确绘图。

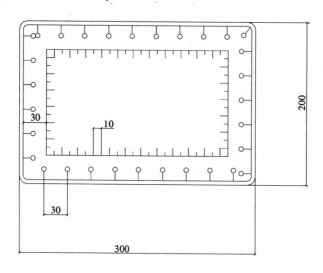

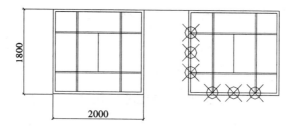

图 11－6

实训题五：图块与文件

1. 打开新文件，完成下面的样图。

2. 设置图形范围 3600mm × 3600mm，左下角为（0，0），格栅距离为 50mm，光标移动间距为 25mm，将显示范围设置得与图形范围相同。

3. 长度单位和角度单位都采用十进制，精度为小数点后 0 位。

4. 将椅子，以图块形式插入，然后将椅子和组合式办公桌定义为图块。

5. 在同一张图中，排列桌椅 2 排 3 列，排列间距均 3000mm。

6. 存盘。

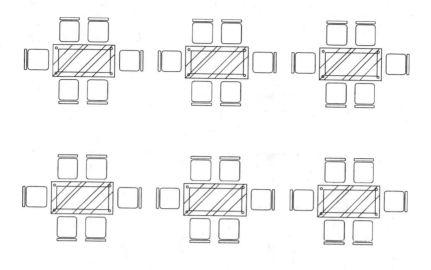

图 11-7

实训题六：图形测量

1. 绘制图形 11-8，测量图 11-8 中的填充图形面积。

2. 按下列坐标绘出图形并测量其
面积。

$X = 188.9389$，$Y = 139.3522$

$X = 131.5190$，$Y = 97.6335$

$X = 153.4518$，$Y = 30.1314$

$X = 224.4278$，$Y = 30.1314$

$X = 246.3606$，$Y = 97.6335$

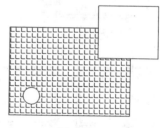

图 11-8

实训题七：专业综合绘图

1. 设置图层、线型、比例在 A2 图纸上完成下列建筑施工图，并标注尺
寸。

（1）绘制 A2 图框

（1）绘制首层建筑平面图，见图 11-9

（2）绘制南立面图，见图 11-10

（3）绘制剖面图，见图 11-11

（4）绘制楼梯图，见图 11-12

（5）绘制卫生间大样图，见图 11-13

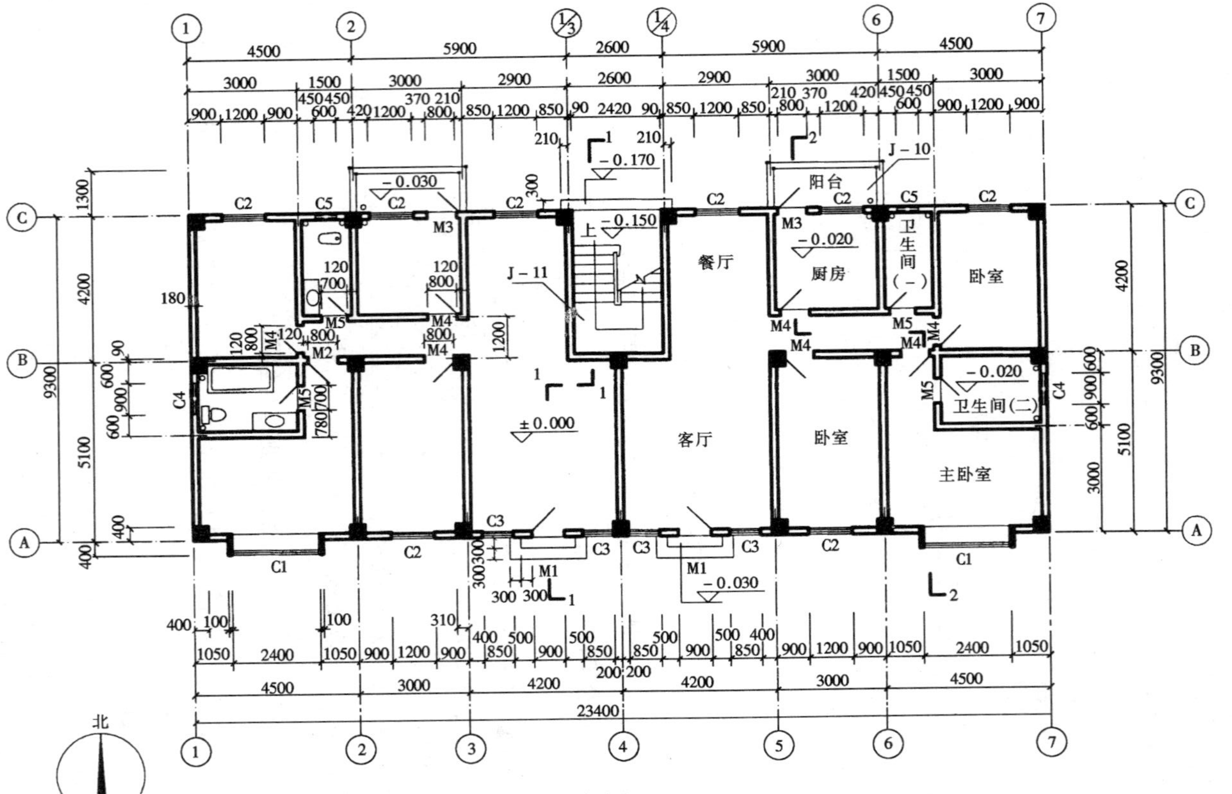

首层平面 1:100

图 11-9

图	别		图 别	张 号

项目 名称	图纸 名称	年月	比例

姓 名		专 业	
学 号		系 别	
指导老师			

北

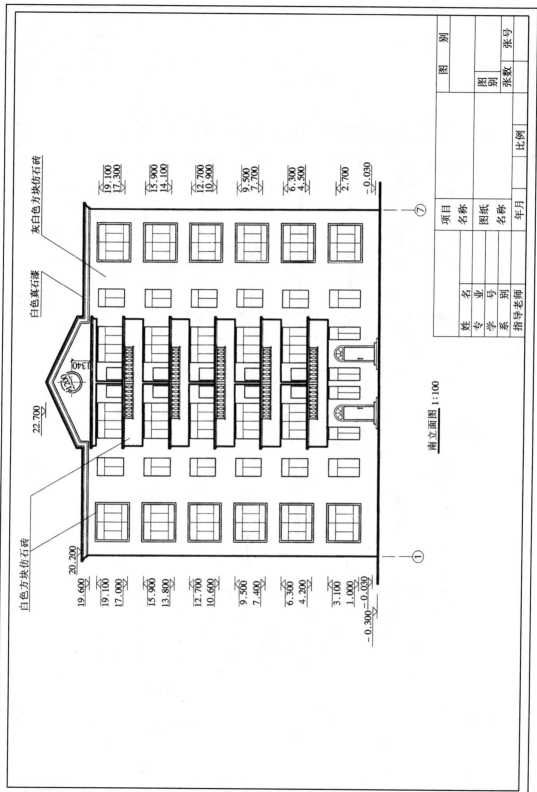

南立面图 1:100

图 11-10

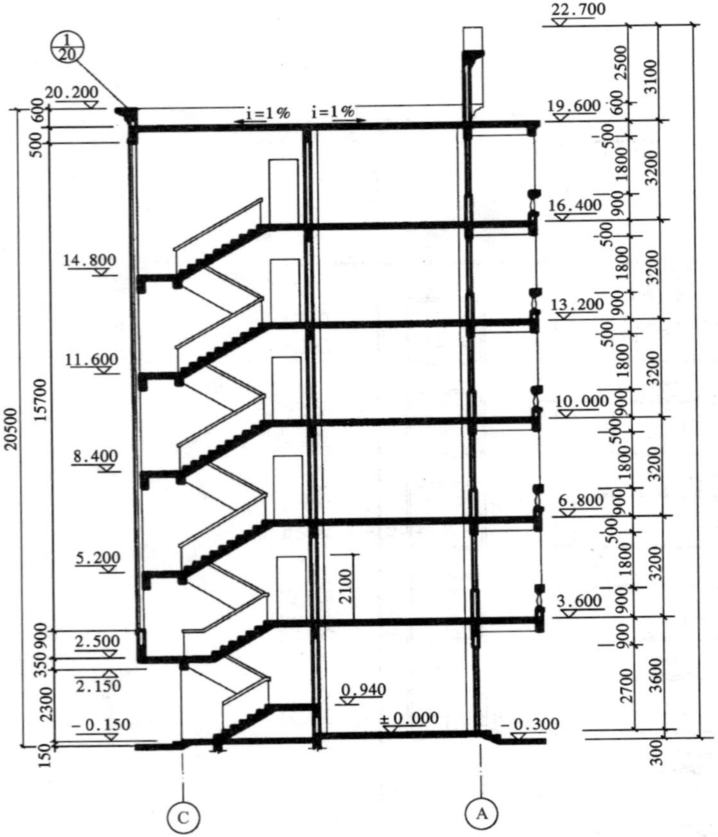

图 11-11

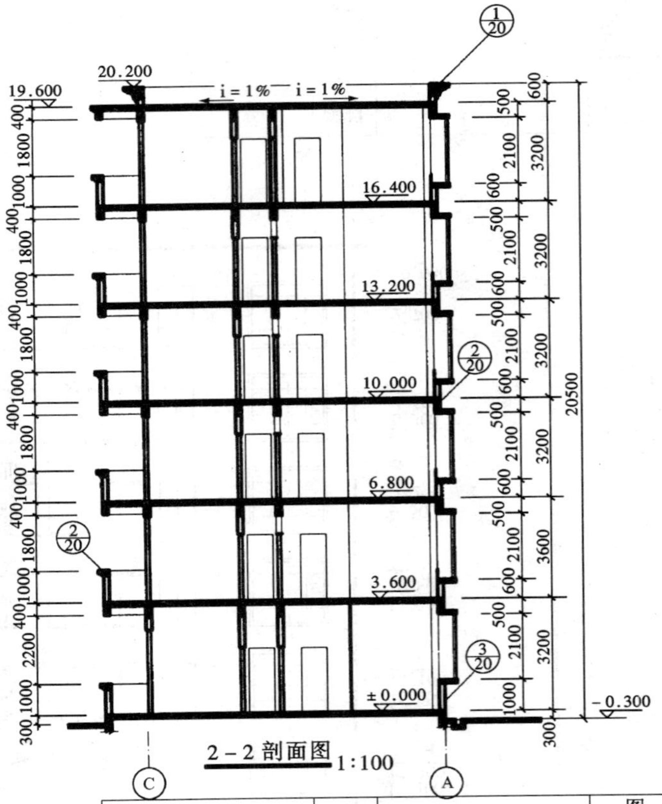

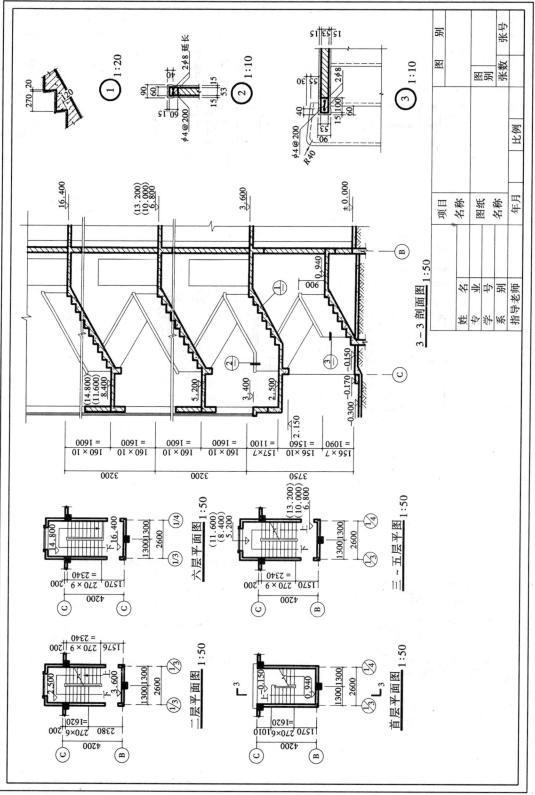

图 11－12

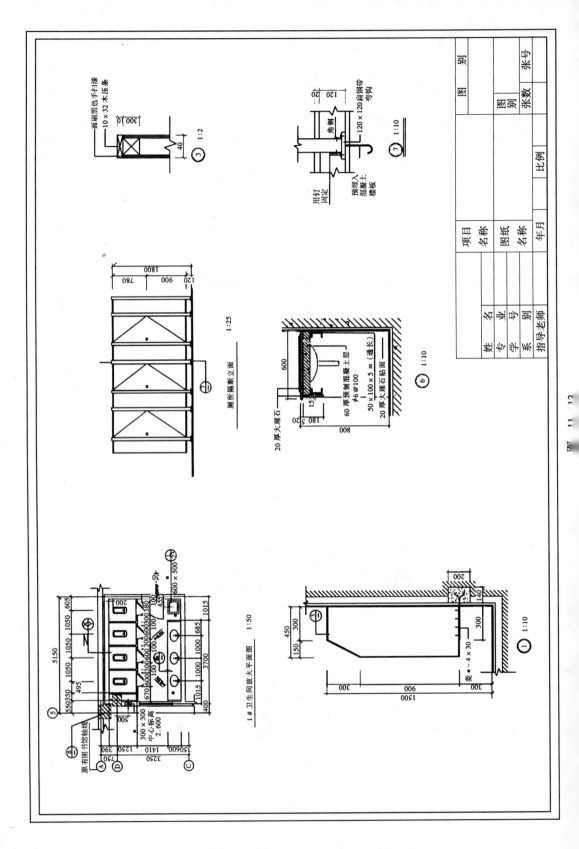

面刷黑色手扫漆

10×32 木压条

40

300 厚

③ 1:2

120

120×120 高钢带弯钩

角钢

用钉固定

预埋入混凝土楼板

⑦ 1:10

1800

780   900

120

厕所隔断立面 1:25

20 厚大理石

600

60 厚预制混凝土层
φ6@100

50×100×5 m（通长）

20 厚大理石贴面

180 20

800

⑥ 1:10

51150

605

1050 1050

1050 1050

495

550 350

300×300
中心标高
2.600

1# 卫生间放大平面图 1:50

原有图书馆轴线

350 600

750

3250

3700

1410 390

1250

450
300
150

300

900

300

1500

200

140

300

200

扁=4×30

① 1:10

项目名称

图纸名称

年月   比例

姓名

专业

学号

系别

指导老师

图别

张数

图别

张号

图 11 12

2. 设置图层、线型完成图 11－14 示建筑结构图。

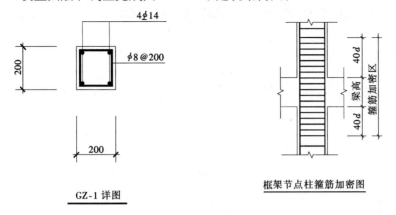

GZ-1 详图

框架节点柱箍筋加密图

图 11－14

实训题八：计算机辅助设计绘图员技能鉴定试题（建筑类）

一、抄画房屋建筑图，绘图时请注意以下具体要求

1. 按以下规定设置图层、颜色、线型和线宽，并设定线型比例：

图层名称	颜色	（色号）	线型	线宽
0	白	（7）	实线 CONTINUOUS	0.60mm(粗实线用)
1	红	（1）	实线 CONTINUOUS	0.15mm(细实线、尺寸标注及字体用)
2	青	（4）	实线 CONTINUOUS	0.30mm(中实线用)
3	绿	（3）	点画线 ISO04W100	0.15mm
4	黄	（2）	虚线 ISO02W100	0.15mm

2. 按 1:100 比例出图设置 A3 图幅（横装），留装订边，画出图纸边界线及图框线；

3. 按图 11－15 尺寸及格式画出标题栏，填写标题栏内文字；

图 11－15 A3 图纸标题栏

4. 绘画完成房屋建筑图后，以考生姓名每个字的汉语拼音第一个字母为文件名分别存入硬盘和考试题盘。例如，考生陈大勇的文件名为 CDY.dwg。

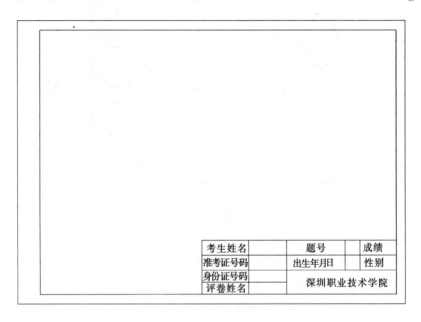

考生姓名		题号	成绩
准考证号码		出生年月日	性别
身份证号码		深圳职业技术学院	
评卷姓名			

图 11 - 16

房屋建筑图见 11 - 17、11 - 18、11 - 19。

二、几何作图

1. 取出 A3 图形文件；

2. 按图示尺寸及比例绘出 2 - 1 的几何图形，不注尺寸；

3. 按图示尺寸及比例绘出 2 - 2 形体的两面投影，并求出第三投影，不注尺寸；

4. 存盘。文件名应以上述所用的文件名，把 1 改为 2。例如，考生陈大勇的文件名为：CDY2。同样分别存入硬盘和考试题盘；

退出绘图系统，结束操作。

几何作图见 11 - 20、图 11 - 21、图 11 - 22。

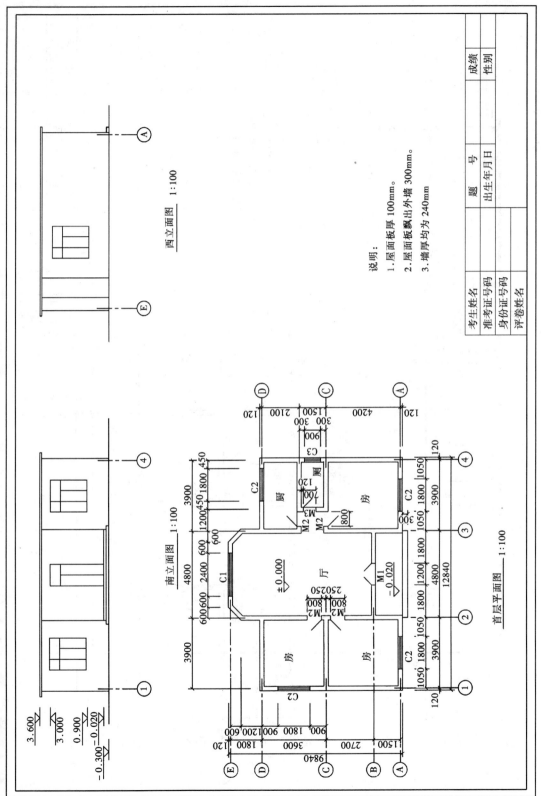

图 11 – 17

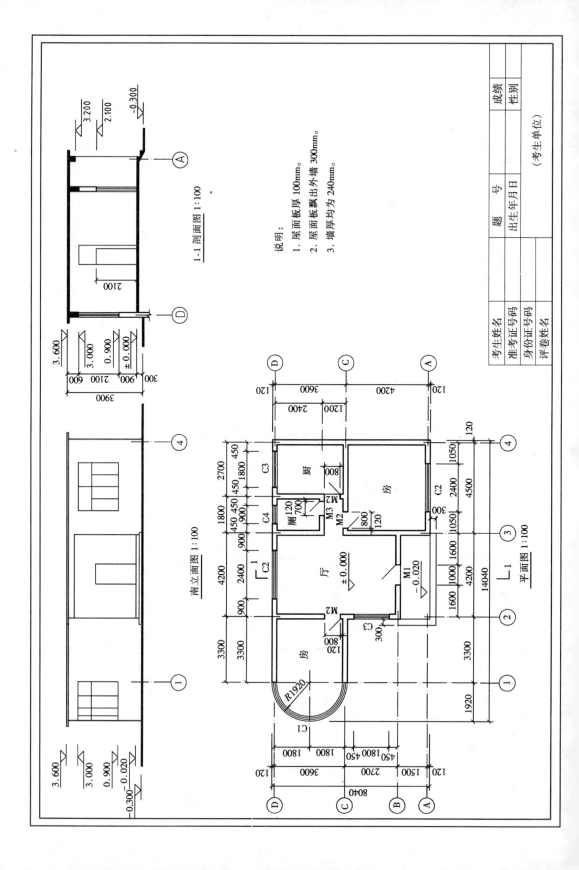

1-1 剖面图 1:100

说明：
1. 屋面板厚100mm。
2. 屋面板飘出外墙 300mm。
3. 墙厚均为 240mm。

南立面图 1:100

平面图 1:100

考生姓名			题 号	成绩
准考证号码			出生年月日	性别
身份证号码				
评卷姓名			（考生单位）	

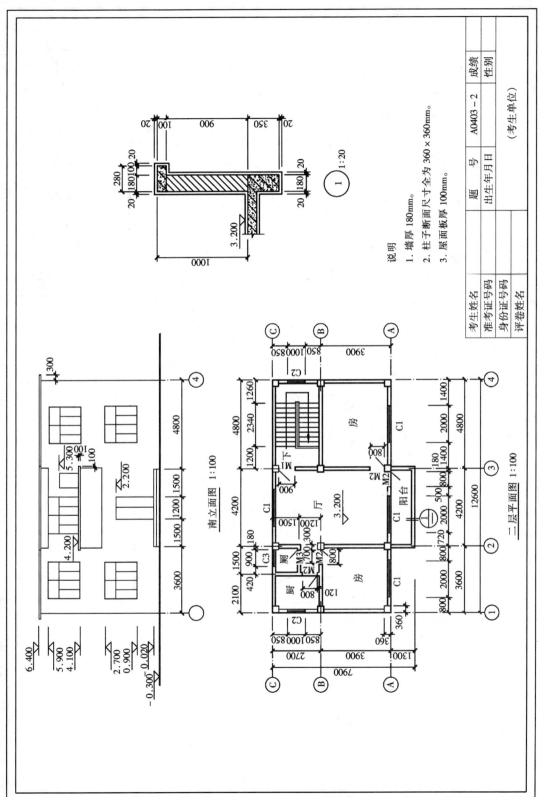

图 11-19

说明
1. 墙厚 180mm。
2. 柱子断面尺寸全为 360×360mm。
3. 屋面板厚 100mm。

考生姓名		题 号	A0403-2	成绩	
准考证号码		出生年月日		性别	
身份证号码					
评卷姓名		（考生单位）			

南立面图 1:100

6.400
5.900
4.100
2.700
0.900
−0.020
−0.300

二层平面图 1:100

房
厅 3.200
房
厨
厕
阳台

C
B
A

4
3
2
1

1:20

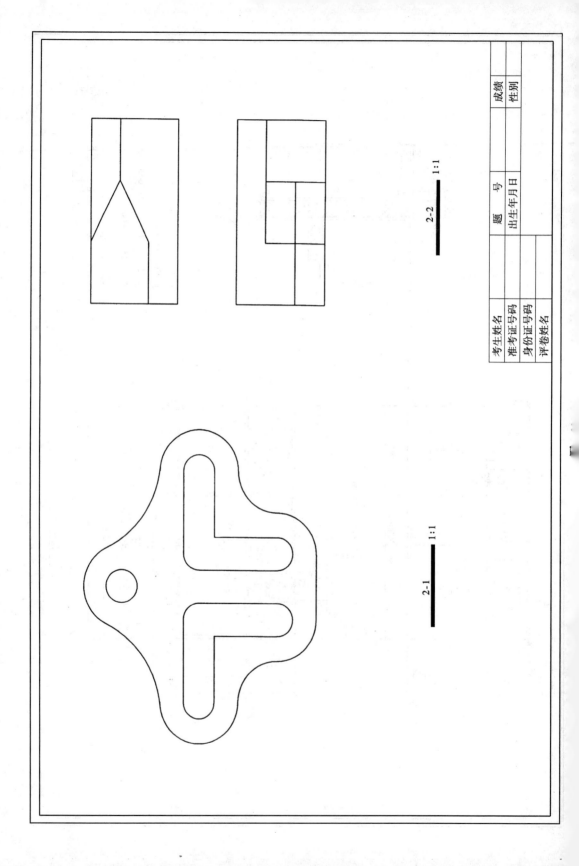

2-2 1:1

2-1 1:1

考生姓名		题　号		成绩	
准考证号码		出生年月日		性别	
身份证号码					
评卷姓名					

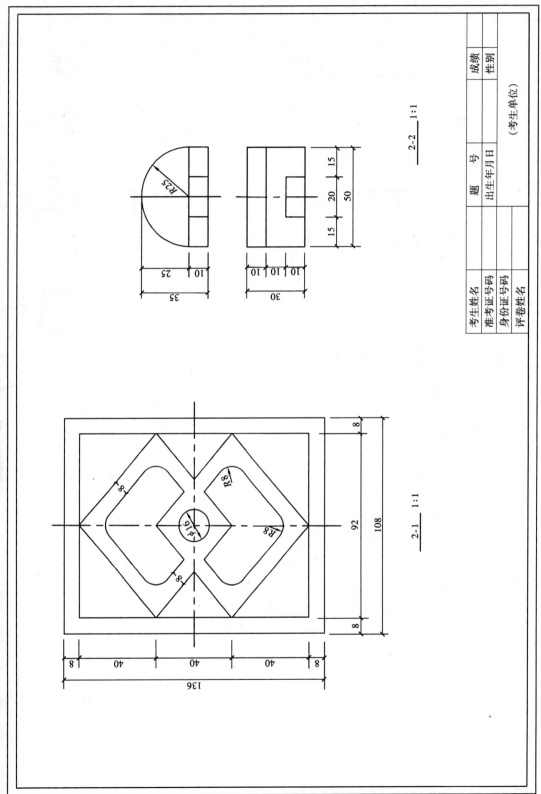

2-2 1:1

2-1 1:1

考生姓名			题 号		成绩
准考证号码			出生年月日		性别
身份证号码					
评卷姓名			（考生单位）		

图 11-21

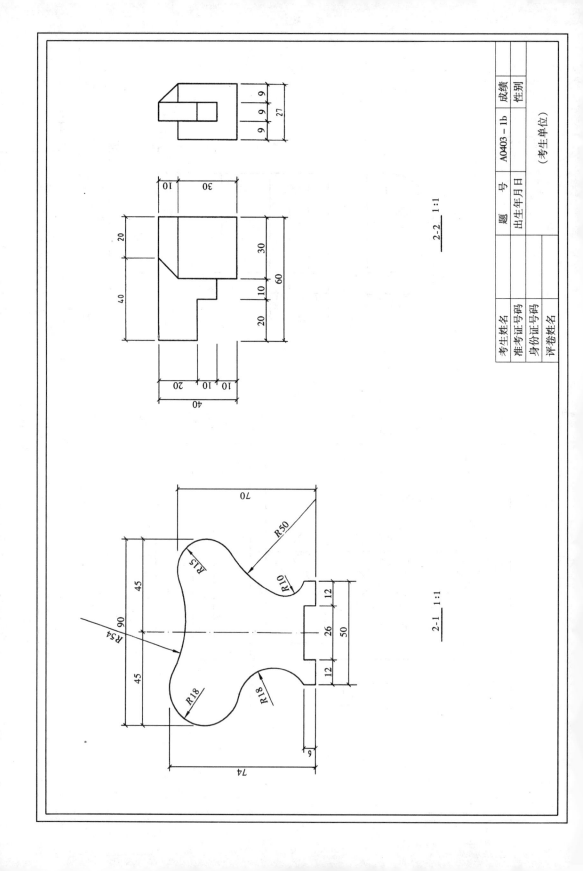

2-2 1:1

2-1 1:1

考生姓名		题　号	A0403 – 1b	成绩
准考证号码		出生年月日		性别
身份证号码				
评卷姓名		（考生单位）